Public Space
China Interior Design Files

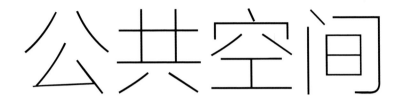

中国室内设计档案系列 | 简装版

公共空间

本书编委会 编　　　主编：董 君　　　副主编：贾 刚

中国林业出版社

图书在版编目（CIP）数据

公共空间 / 《中国室内设计档案》编委会编. -- 北京：中国林业出版社, 2017.7
（中国室内设计档案）

ISBN 978-7-5038-9087-1

Ⅰ.①公… Ⅱ.①中… Ⅲ.①公共空间－室内装饰设计－中国－图集 Ⅳ.①TU242-64

中国版本图书馆CIP数据核字(2017)第155354号

主　编：董　君
副主编：贾　刚
丛书策划：金堂奖出版中心
特别鸣谢：《金堂奖》组委会

中国林业出版社 · 建筑分社
策划、责任编辑：纪　亮　王思源

出版：中国林业出版社　（100009 北京西城区德内大街刘海胡同7号）
http://lycb.forestry.gov.cn
电话：（010）8314 3518
发行：中国林业出版社
印刷：北京利丰雅高长城印刷有限公司
版次：2017年7月第1版
印次：2017年7月第1次
开本：170mm×240mm　1/16
印张：14
字数：150千字
定价：99.00元

目录
CONTENTE

001/ 枫叶儿童之家 4
002/ 城市发展展示馆 10
003/ 环亚机场贵宾室 16
004/ 爱与梦想的重生 20
005/ 大连国际会议中心 24
006/ 重庆黎香湖教堂 28
007/ 云端 34
008/ 东郊记忆演艺中心 38
009/ 昆山文化艺术中心 42
010/ 徐州音乐厅 48
011/ 当代美术馆 54
012/ 长广溪湿地公园 58
013/ 惠贞书院图书馆 64
014/ 故宫紫禁书香 70
015/ 南岸区图书馆 74
016/ 沈阳文化艺术中心 78
017/ 植福园翡翠艺术馆 84
018/ 蛹当代艺术中心 88
019/ 夏恩英语培训学校 94
020/ 南大和园幼儿园 98
021/ 多彩的空间 102
022/ 艾玛仕幼儿园 106
023/ 牙医诊所 112
024/ 百思美齿科诊所 118
025/ 美莱整容医院 124

026/ 香奈儿的寝宫 130
027/ 庆王府展室 134
028/ 崇明规划展览馆 138
029/ 史丹利&东铁展场 144
030/ 中国围棋博物馆 148
031/ 成都艺术超市 152
032/ 永恒印记 156
033/ 庆元廊桥博物馆 160
034/ 浙商博物馆 164
035/ 多维门 170
036/ 故宫展示中心 174
037/ "回"展厅 178
038/ 阳光一百艺术馆 182
039/ 吉林市人民大剧院 186
040/ 企业公馆特区馆 194
041/ 旧州屯堡接待中心 198
042/ 自在空间设计 204
043/ 天曜公共空间 212
044/ 爱乐国际早教中心 216
045/ 知也禅寺 220

001/ 枫叶儿童之家

项目名称：枫叶儿童之家
项目地点：重庆市南岸区南坪东路587号
项目面积：3000平方米
主案设计：蒋丹

本项目是一个专门针对0-6岁幼儿教育的项目规划。儿童的世界是纯净、明朗、丰富多彩的。本案里设计师尝试用儿童的眼光去看待空间，采用简洁自然的原木色调为基调，点缀绿色调的内饰，制造出大自然亲切的感觉。

本案占地3000平方米，整个空间分为两个区块，左边划分为娱乐区，右边为早教教室。包含了教师办公室、教室、多功能厅、吧台区、接待区和儿童阅读区、游乐区等。整体以流畅的线条来打造，充分利用自然采光，从对幼儿的安全和个性的考虑，在用材上选用环保材质以及采用对幼儿安全的小圆角、软包等细节设计。墙面多圆滑的曲面以及波浪型，带给孩子新颖的生活体验，开发孩子的智力；整个空间呈现出柔和、纯净的气质，带给孩子安心、温暖的感觉。整个空间不都充满生机和活力，从空间的角度影响孩子，让孩子们在生活中得到潜移默化的教育。

另外，设计师充分利用圆形区域打造了个整体的半开放活动空间，墙面大幅的落地窗户，顶面模仿天光的软膜光设计，一个90平米的室内活动场地——沙池，以及300多平方活动区，其中有攀爬墙面、秋千等。

设计师一直遵循同样的原则，为其提供优质的活动区域、和谐的光线，创造最理想的解决方案，同样致力于为孩子们之间的安全交流提供保障。色彩选择上，除采用自然原料以外，所选择的诸如绿色、米黄色、灰色等颜色也创造一种充满生机宁静有启发力的愉悦气氛。最终达到的设计理念是为幼儿提供一个现代化、材料环保健康、功能丰富具审美引导性的早教空间。

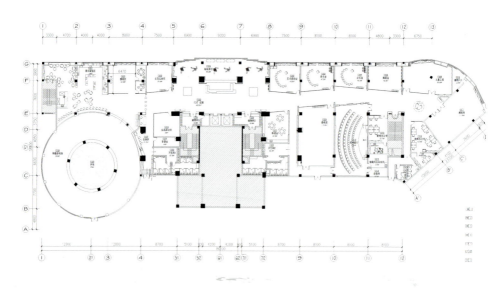

平面布置图

002/ 城市发展展示馆

项目名称：福州城市发展展示馆
项目地点：福建省福州市
项目面积：15000平方米
主案设计：李晖

福州规划馆位于福州海峡国际会展中心东侧，南依浦下河，北望闽江水，总建筑面积5.35万平方米，布展面积约为1.5万平方米。

整体设计遵循"地域文化性"、"智慧科技性"、"低碳环保性"和"亲民互动性"的四大原则，依据福州"三山两塔一江"的城市格局，以逶迤穿城的"闽江"作为布展主线贯穿整座展馆，美景丰姿在"江水"的涤荡中一览无余，寓意万古不息的闽江引领着福州从过去走向未来、走向辉煌！

空间布局上从"榕城印象"、"古韵名城"、"建设成就"等角度，将三维复原、数字沙盘、旋转影院、VR自驾等现代声光电技术融入多项展示环节，是集规划展示、科普教育、特色旅游、商务休闲等多功能于一体的专业规划展示馆，集中展示福州悠久灿烂的历史文明，辉煌无限的今日图景与宏图泼墨的未来蓝图。

本案在设计上也遵循低碳环保理念，在山水展厅内设置真植物造型墙，把真正的绿色引入展馆，并配置休闲座椅等装置，让参观者"在观展中休闲、在休闲中观展"，这也是本馆的一大特色。玻璃和镜面不锈钢营造空间的通透和延伸，在空间设计上设计师还注重生态的营造，活泼了整个空间的同时又藉以表达一种热爱大自然并且用设计向自然致敬的态度！

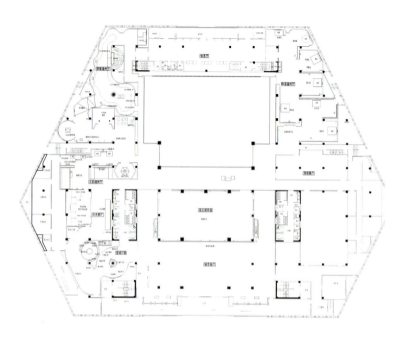

平面布置图

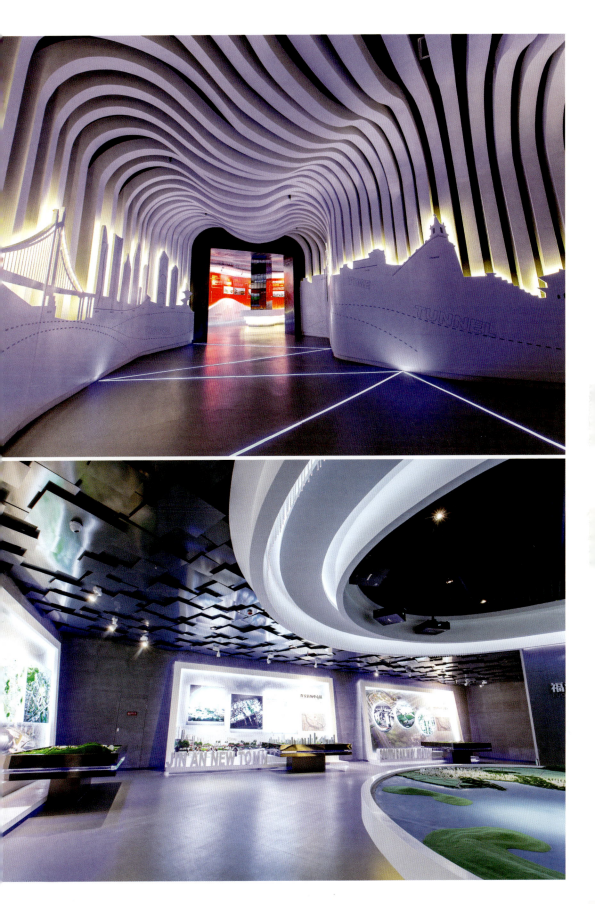

003/ 环亚机场贵宾室

项目名称：环亚机场贵宾室
项目地点：香港国际机场
项目面积：15000平方米
主案设计：陈德坚

全球领先机场服务管理及营运商环亚机场服务管理公司为全亚洲最大的收费机场贵宾室，并且24小时营运。为强化品牌形象，设计师为设计巧尽心思。走进西大堂的全新环亚机场贵宾室，从入口至走廊，环亚之品牌标志亮丽可见。设计的时候为贵宾室规划了多个区域，让宾客置身其中可享受到不同的服务体验和选择。走过设计亮丽的接待处，进入环亚机场贵宾室主要部分，各种各样的坐椅配置即尽入眼帘，为全新环亚机场贵宾室营造出一派时尚精致的风格，环亚的设计用心可见一斑。

环亚机场贵宾室之设计提供全面性选择，旅客可以任意选择作息坐区，例如有独享卡位、共用长桌、又或是舒适的沙发座椅。贵宾室除了选用中性的色调外，设计师亦充分利用全线宽敞的玻璃窗，大量引入充足的自然光线进入贵宾室。每个区域的设计均满载心思，设计师以合适的设计迎合不同宾客的需要。贵宾室休息区和酒吧区利用柔和的灯光，淡淡的色调和低调的感觉创造出一个舒服的环境；用餐区则透过开放式厨房，大胆的色彩和诱人的美食吸引馋嘴食客注目。新贵宾室设置电脑工作间，提供免费无线网路连接（Wi-Fi）及充电插座，商务宾客在一边欣赏机场跑道一览全景的同时，亦可处理繁重的工作，俨如其私人工作室，让商务宾客可以忙里偷闲。

004/ 爱与梦想的重生

项目名称：爱与梦想的重生
项目地点：台湾台北市
项目面积：283 平方米
主案设计：罗仕哲

　　台湾中部的大肚山有座方舟教堂，其地下室与左侧的会馆在落成30多年后进行翻新。可弹性运用的复合式设计，让精简预算发挥丰富机能。时尚的风格不仅赋予老空间新生命、更贴近现代人从不同形式来亲近宗教的多元需求，也强化了教会与在地社区、社会大众的连结。

　　诺亚方舟的故事元素副堂位于地下室，主要为多个团契的活动场地；后段设茶水吧，因应团员自带餐点到教会分享的习惯。从天花垂下的水龙头象征大洪水的暴雨，吊灯的飞鸟造型则寓意那只衔回橄榄树枝的鸽子。杰克与魔豆的童话意涵梦想馆位于教堂旁，主要是提供孩子们上主日学的教学空间。整栋建物翻新表层，廊檐留住原有宽度以抵御冬季的寒风与冷雨。援引童话里的魔豆，以绿树往上发展的造型来传达孩子们的梦想，并且呼应建物周遭的绿意。

　　三段式划分展现宽敞感是由于预算不高、空间无法扩建，而教会期待这两处能兼负多重功能；设计师将有限平面分割成前、中、后三段。以中段的开放空间为主，留出最宽敞的场域；前后两段则浓缩了各式机能。单一空间发挥多重机能，各区彼此支援，能弹性运用的主空间随时可视需求来变化机能。地下室，主墙背后利用楼梯底下打造收纳折叠椅的储藏室与讲员休息室，后方的吧台左旁藏有视听播放的机房。梦想馆的主墙，木作平台是主日学讲台，也是小朋友做敬拜赞美的表演舞台。中段的主空间为主日学教室，用隔板来分成三个才艺教室；大人与小孩上完礼拜或主日学，这里摆上圆桌与椅凳就成了食堂。

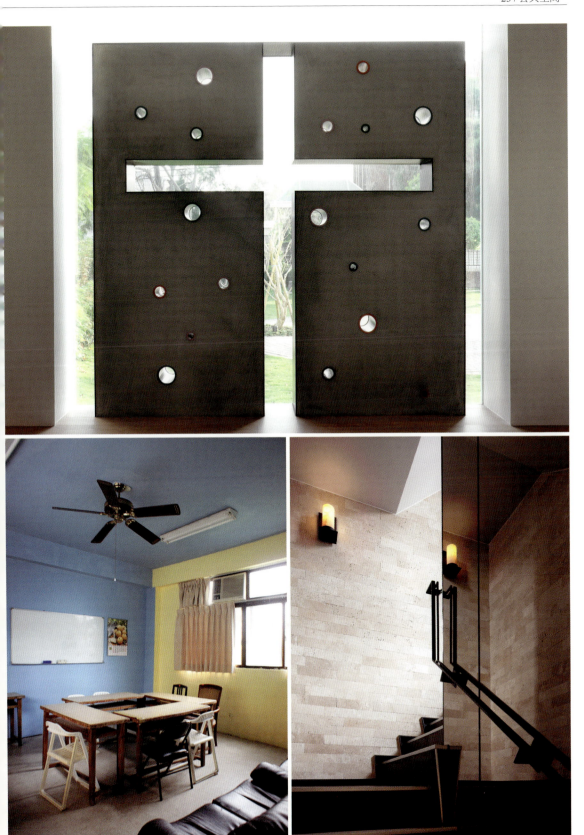

005/ 大连国际会议中心

项目名称：大连国际会议中心
项目地点：辽宁省大连市
项目面积：92980平方米
主案设计：姜峰

整个建筑由"解构主义"的代表蓝天组完成。J&A姜峰设计公司有幸参与其中的室内设计部分，从思考满足室内与建筑、室内与周边达到高度协调的平衡状态出发，整体协作，把握全局，呼应建筑主体的"解构主义"风格特征进行设计。

本案室内设计在充分延续奥地利蓝天组建筑设计理念的前提下，对室内空间的造型、色彩、材料质感等进行分析重构，使其充分展现建筑空间的现代感、流动感、科技感及开放性。

大连国际会议中心的设计紧扣绿色、环保节能、以人为本的主题：楼宇自控、自然通风、海水源冷媒制冷等的使用，融入到室内设计当中，使它真正成为低耗能的绿色建筑；周到细致的残障设施考虑，也体现了其无微不至的人本关怀。

大连国际会议中心主要为钢结构，这意味着前厅和歌剧厅内的钢支撑之间是硬性连接的，即不存在结构声分离的地方。通过钢结构传播的结构噪声，会引起歌剧厅内面板的振动，从而将噪声传入厅内。这种现象对于加强石膏板、加强水泥板及闭合的薄板尤为明显，所以大剧院的拦河设计并没有采用GRG，而使用了普通的石膏板。STO聚晶吸音板，是一种由微泡玻璃颗粒制成的、高强度、高吸声能力的高科技材料。表面使用独特的透声涂层，以多种适宜声学处理要求的形式，可以采用整体吊顶、独立造型吊顶、吸音墙或吸音屏等形式进行安装，形成单一或多元的吸音体系。

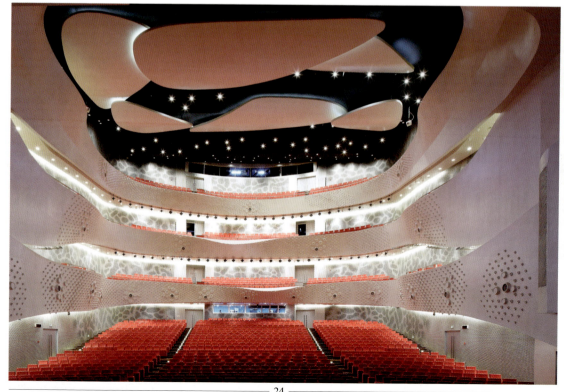

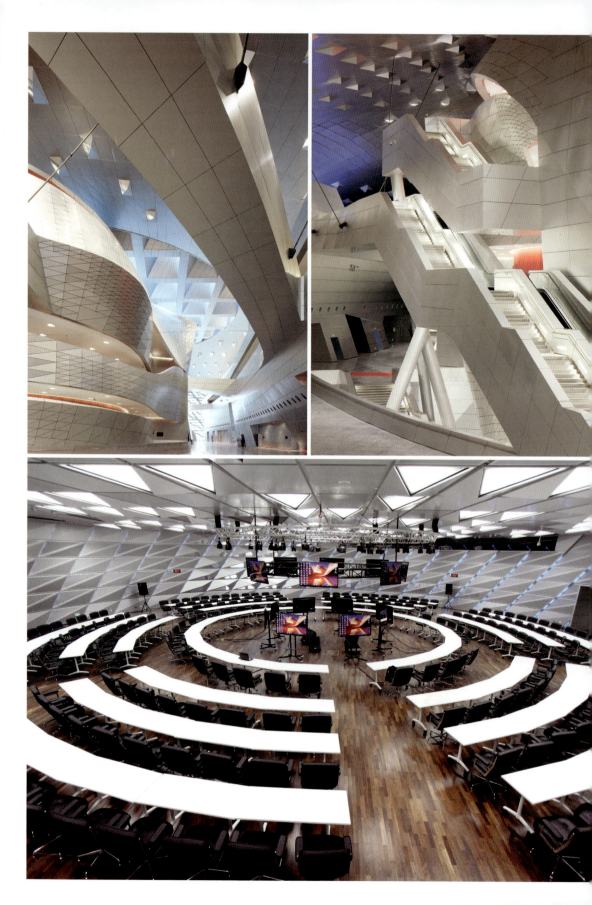

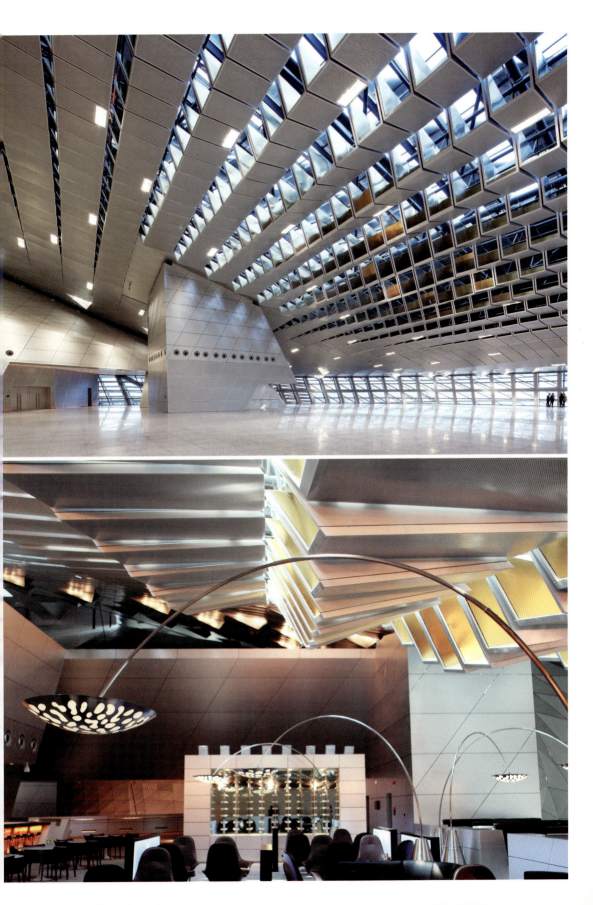

006/ 重庆黎香湖教堂

项目名称：重庆黎香湖教堂
项目地点：重庆市南川区
项目面积：800 平方米
主案设计：琚宾

我们的设计弱化了其宗教功能，将其定位为一个人们心灵休憩的场所、分享节日纪念日喜悦的"温暖的盒子"。使人们在度假休闲的时候能在这里从现代快节奏的生活中抽离出来，享受心里的洗礼。

设计上采用极简主义的理念营造出一种清净典雅之美。在分析研究了西南地域特色及宗教教堂所固有的特质之后，提取和保留了符号中的神韵并加以组合。在西方的宗教文化中，加入东方温润的古典情怀，给人温暖和力量。

在空间布局上，开敞、平直，地面与洁白的墙面营造出肃穆庄严的空灵感。烛光台、墙上的开窗，使光线自然温暖地充满空间，给人温和的亲切感。

就教堂而言，传递的是精神的力量和宗教的语言。在东方的环境下，其存在与地域和文化本身存在着矛盾的交互。设计中选择了折中的语言，从体量、视觉、感官等多方面，将欧式的建筑线条延续到室内，并从地方特色的竹木上提取元素，搭配木质的椅凳，使空间中传递着自由与融合的信息。

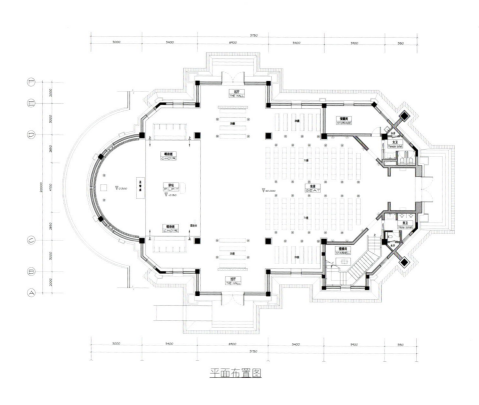

平面布置图

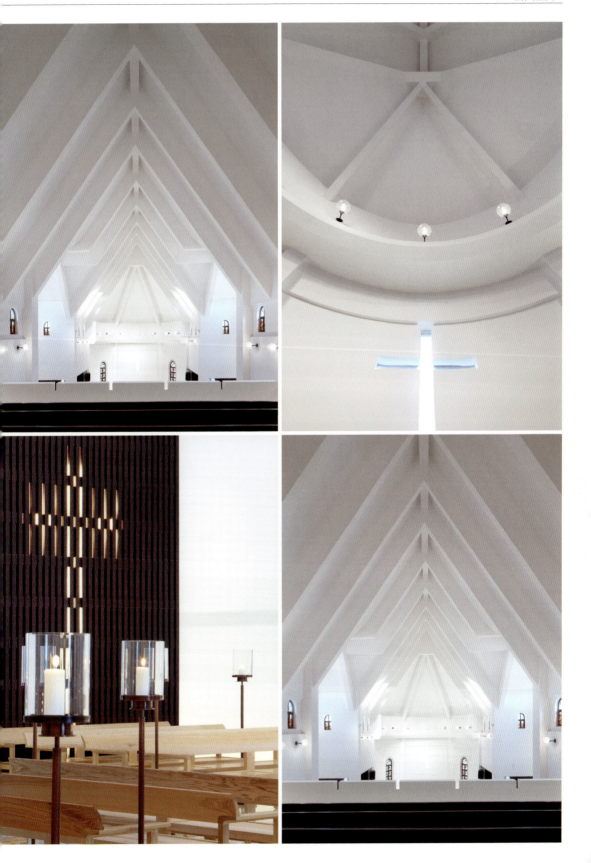

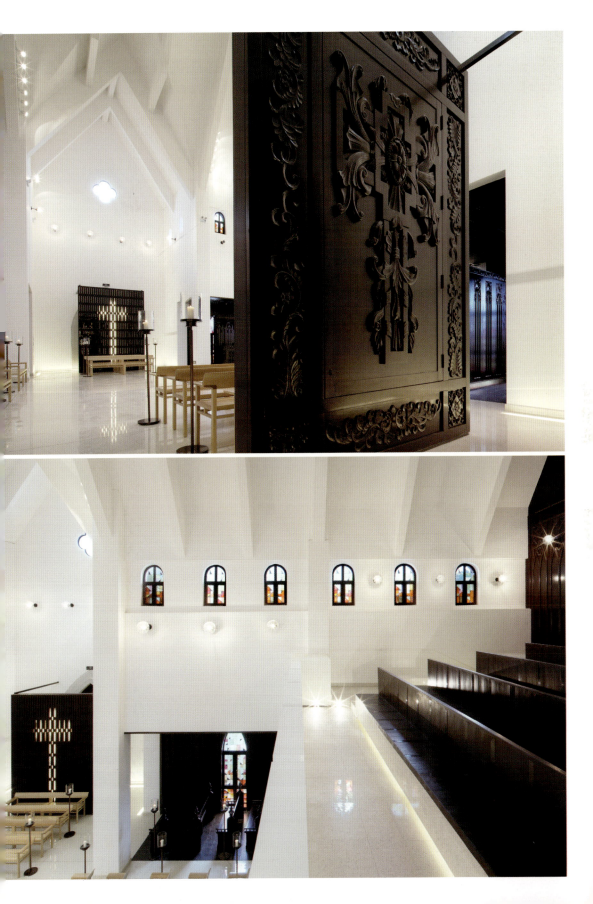

007/ 云端

项目名称：云端
项目地点：江苏省南京市
项目面积：650 平方米
主案设计：郭晰纹

这是中国的第一个微电影与媒体创意实验室。

她在悬念和争议声中悄然呈现在蓝天白云之间，落成于南京大学金陵学院顶层寂寥天台之上。

她不止使一座扇形不规则天台不再落寞，她更使一众天之骄子汩汩创意从此自云端涌现。

她是自由的——创意区、彩排区、表演区和裸眼三D实验室、微博实验室、行为观察室、浮岛演播区既相互打通、自由流动，又功能独立、特征明显，相互呼应、相互融合；

她是经典的——有微电影的奠基人、民国时期一代电影大师孙明经和他的胶片梦想，在这里，通过调光影像大屏得以展现；

她是科技的——全景电脑灯、智能科技控制、全息投影、智能化搜索、数据挖掘与分析……时时处处挑战我们对技术进步的认知、探寻对前沿科技的梦想；

她是生态的——生态绿化、自然采光、高效通风，以及资源再生节能——自循环雨水收集净化系统，空气负离子再造系统……点点滴滴，浸淫我们对生命的敬重、对自然的尊重。

在这云端空间，师生不再是课桌般教条的对立，他们相伴同习，拥有成长与共的师友生态；实验室不再是枯燥死板的电脑鼠标，他们灵动闪耀，成就一片快乐智慧的跨界场域。

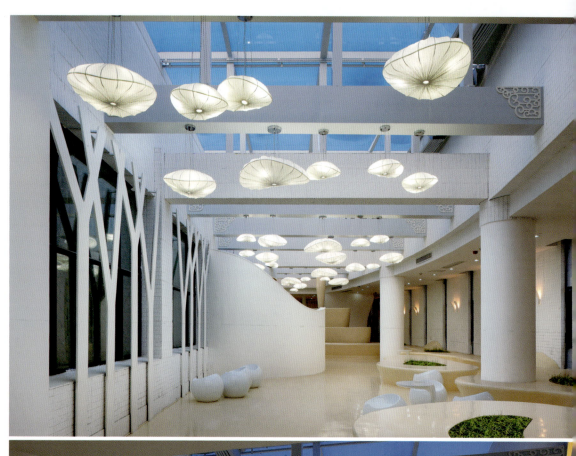

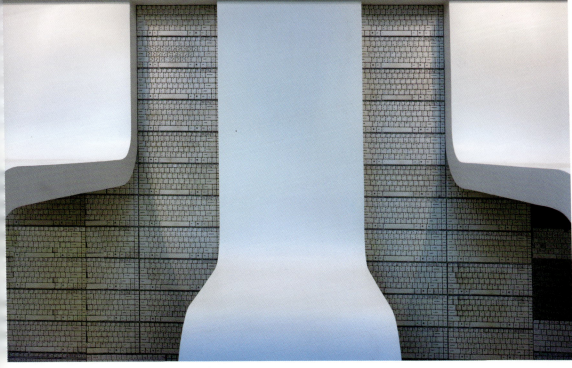

008/ 东郊记忆演艺中心

项目名称：成都东郊记忆演艺中心
项目地点：四川省成都市
项目面积：6000平方米
主案设计：张灿

东郊记忆是在原成都红光电子管厂的旧厂区，由成都传媒集团投资，重新打造的以音乐、影视、演艺为主体的大型音乐公园。而我们设计这个项目是在原红光电子管厂的老的生产厂房的基础上设计改建成了东郊记忆演艺中心。

我们的设计是按照保留和植入的设计原则进行的，对建筑空间的保留和实际使用功能的结合，原有厂房的原有精神的保留，要看到现代设计的体现，却又能体会到原来工业的印记和精神。

我们选择了最简单的主要材料，钢板（原板及锈板）、水泥、钢网（原网和锈网），还有就是马来漆。希望通过这几个材料来体现和找到对工业的记忆。门庭厅的设计是我们表现的重点部分，天棚的原钢板切出不同的方孔表现工业的切割，而且从厅内一直延续至厅外，把本来相对较窄的大厅扩展出去，有音乐节奏般的点光源灯具也随着钢板顶延伸出去，让整个大厅没有了室内外的视觉界定。锈板的柱和锈钢网内的LED灯光，让那个时候的革命工业的轰轰烈烈用抽象的视觉手段演绎出来。室内空间的部分墙面保留着原厂房墙面不太平整的肌理，希望它用它的历史语言和我们植入的当代的设计语言进行对话。

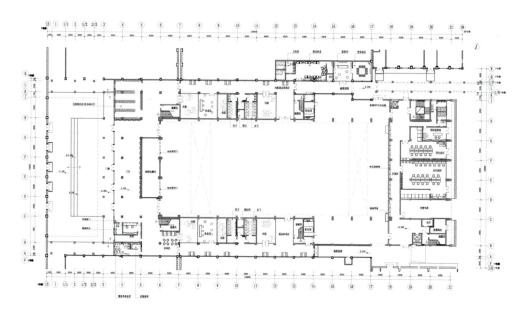

平面布置图

009/ 昆山文化艺术中心

项目名称：昆山文化艺术中心
项目地点：江苏省苏州市
项目面积：30000平方米
主案设计：张晔

设计定位于综合性文化空间，具有大剧院、多功能昆曲小剧场、多功能的会议空间和培训空间、影剧院娱乐空间。最大限度地满足广大市民对各类观演剧目的精神需求，同时兼具会议、文化培训等功能需求。

设计选取昆曲和并蒂莲作为母体，沿水体曲线布置具有水乡的"神韵"。在平面上呈现出不同层面的曲线幕墙交叠错落的形式，使室内外空间紧密结合，水乳交融。

本案室内设计的主要空间界面也都是由曲线或曲面构成的。曲线设计在视觉上给人以轻松愉悦、委婉优雅的的感觉，为了强调曲线在空间中舞动的动势，设计将主要空间的界面进行解构，由不同趋势弧度的曲面在交叠穿插中组成空间的各个界面，使空间形式丰富而有层次。

为了体现水袖捧花的设计理念。空间中的色彩减少调性，将视觉空间腾出，随着观众的移动，各个空间——或剧场或会议，在清雅的场景中慢慢呈现，达到曲调中一个又一个的精彩。舞动的飘带呈现了水乡悠远连绵的势态，飘带上疏密有致的光晕又生动细腻了画面。

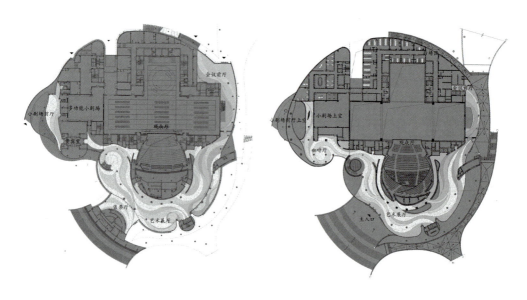

一层平面布置图

010/ 徐州音乐厅

项目名称：徐州音乐厅
项目地点：江苏省徐州市
项目面积：11000平方米
主案设计：祁斌

　　融合徐州山水城市景观，象征城市精神，以徐州市花——紫薇花为建筑创作原型，建筑形态阿娜轻盈，宛若镶嵌在玉龙湖中的一朵瑰丽的奇葩。

　　室内空间是建筑不可分割的一部分，而不是装饰性的附加元素，必须尊重地回应主题建筑的设计概念，特别是具有文化属性特性的建筑。

　　从花瓣自然绽放的曲线与褶皱中提炼由花中心向外生长的力的轨迹，将这种曲折优美的曲线剧与音乐厅内部功能项结合。

　　由中心向外延伸的不规则面既满足声学的功能要求，又叙述着音乐内在美感，看似无规则的折面蕴含如乐章般的秩序。

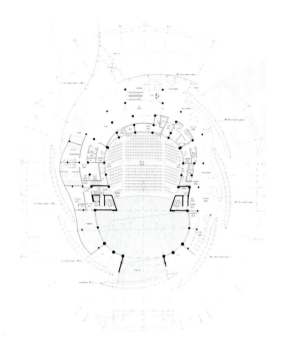

一层平面布置图

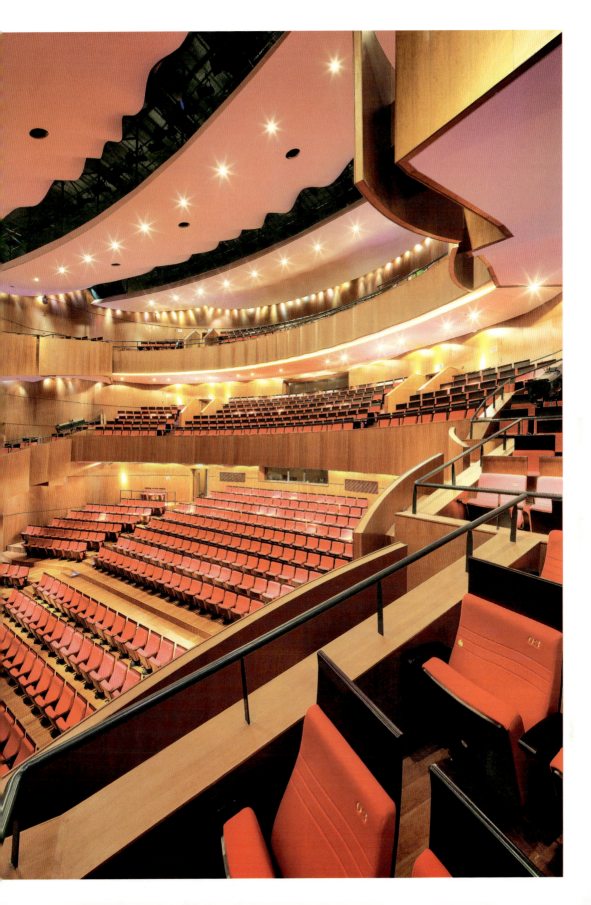

011/ 当代美术馆

项目名称：成都当代美术馆
项目地点：四川省成都市
项目面积：1500平方米
主案设计：张灿

当代艺术展览中心的设计最重要的是体现建筑空间的感受，整个空间应该尽量做到无装修的设计效果。

整个当代艺术空间的照明设计是这个设计里非常重要的方面。尽管材料简单单一，但是照明和光的氛围也使简单的材料渗透出强有力的魅力，不管是门厅、画廊、休息区、影视厅、贵宾接待室、更或者是天井部分，我们都采用了适当的照明系统，使整个艺术馆的氛围恰到好处，奕奕如生。

从设计初期我们就希望做到一个没有过多装修的设计，尽量做到建筑原本的展现和体现，所以我们在建筑中运用了大量干净的线条和面去组织整个空间，尽量彰显建筑本身固有的空间特点，这也是成都当代艺术中心室内设计的重要显现。

在材料的运用上我们也选用了最简单的建筑材料。整个展览馆的地面都采用了水泥磨光地面，墙面采用了乳胶漆和马来漆，马来漆主要运用于门厅部分和一些灰色墙面，天棚在门厅部分采用不锈钢的钢网形成灰色的面，同时空调管道也暗藏其中，风口通过钢网将风吹入大厅，形成了看不到风口和检修口的干净的面。

012/ 长广溪湿地公园

项目名称：无锡长广溪湿地公园游客中心
项目地点：江苏省无锡市滨湖区高浪路-清源路
项目面积：4100平方米
主案设计：蔡鑫

本案将游客对湿地的体会放在首位，功能完善和空间舒适度充分协调。重点实现人文感受和视觉享受。

项目将湿地独有的色彩、质感、形态运用其中。蜻蜓、芦苇、原木生动展示了湿地的画卷。

设计师充分利用建筑原有的回字形特点，将公共区域与相应的功能紧密联系，在满足充分舒适度情况下，让所有的空间都能发挥到极致。并且将原有流线和功能分区按照游客的游览路线全部重新策划，已达到最佳的使用状态。让每个区域都能直接感受到室外美景带来的乐趣，达到借景的目的。

在色彩的选择上，以灰色、绿色、原木的色调。质朴、自然、麻质的质感。现代、简约、创新的加工工艺。将生态、节能、人文的感受充分融入其中。

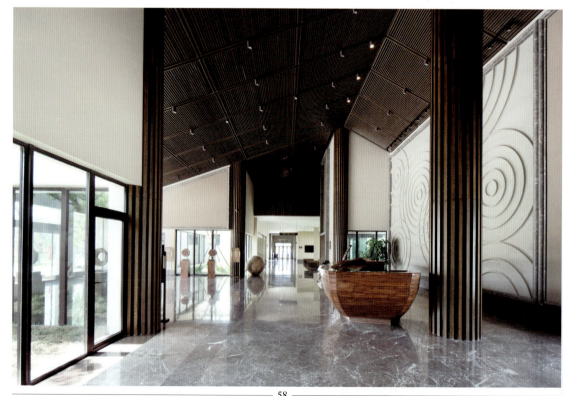

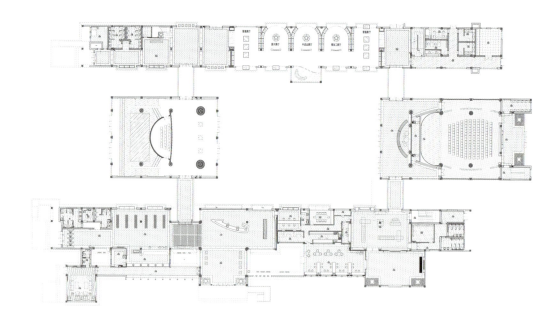

平面布置图

013/ 惠贞书院图书馆

项目名称：惠贞书院图书馆
项目地点：浙江省宁波市
项目面积：800平方米
主案设计：董升

  对于一个学校来说，最能体现它人文气息之处就是图书馆。如何展现精华所聚之地，简朴而又准确勾勒出学校的办学理念，同时融入传统与现代元素，使之一体，便成为本案设计的命题。

  营造既有传承又有包容，既厚重又轻松，既流畅又宁静，既肃穆又温馨的氛围。

  文字作为人类文明重要载体之一，其舒畅优美，变化无穷，一言难概之。提炼它的形与意，贯穿整个空间并结合色彩块面的分割。在设计选材上，选材注意在厚重中加入轻松的质感。

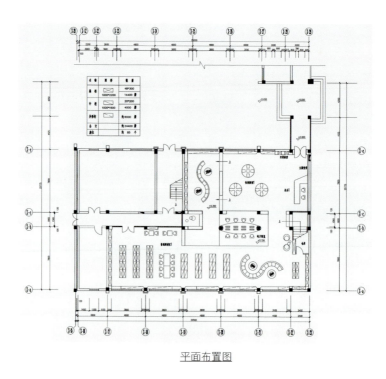

平面布置图

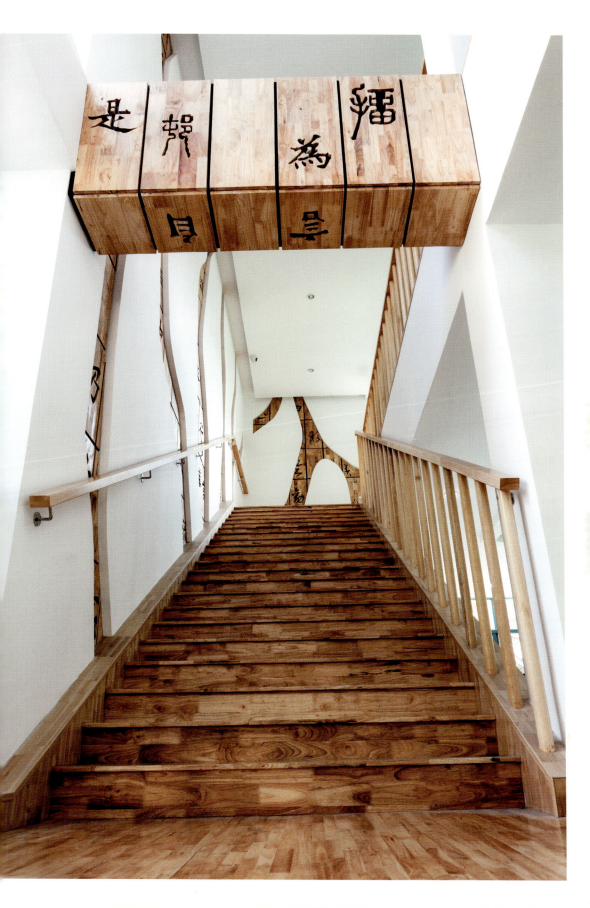

014/ 故宫紫禁书香

项目名称：北京故宫紫禁书香
项目地点：北京市故宫紫禁城内
项目面积：150平方米
主案设计：梁建国

故宫是中国今天保留下来规模最大、最完整、水平最高的一座古代建筑群。

600多年的历史沧桑，24代天子的命运更迭都交融在这个神秘的禁区里；它金碧辉煌，时刻彰显着曾经至高无上的财富和权力；作为皇帝的居处，它若不搜尽世间的珍宝，就无法突显其天命所归。美国建筑师墨菲（Murphy）看完故宫感叹道："……其效果是一种压倒性的壮丽和令人呼吸为之屏息的美。"

随着帝王统治的结束，故宫成了中国最大的综合性博物馆。其下的故宫出版社主要出版与之相匹配的文化类书籍。出版社需要利用一个在紫禁城里过去的伺服空间向世人展示其书籍，并有身临其境的体验去品读。借此让更多人能更深入地了解它、传播它、保护它。于是，紫禁书香的设计选择了一种对故宫最恭谦的情怀出现。

为展示浓缩了历史的书籍，也为极尽可能地保护古建。手法当代又与原建筑有机地结合成一体。

015/ 南岸区图书馆

项目名称：重庆市南岸区图书馆
项目地点：重庆市南岸区南城大道199号
项目面积：4500平方米
主案设计：刘敏

此建筑位于重庆南岸区繁华的步行街，区府旁。是人们精神追求的加油站，给市民一个在购物物质需求满足后，提供精神需求的阅读空间，同时也为儿童、少年特供一个学习进步的场所。

此建筑外立面为现代风格，为呼应建筑风格，设计师通过分析后把室内空间也定位以现代、简约为中心的设计理念。五楼办公区以现代简约风格为中心。四楼成人阅读区以明亮、简约风格为中心。二楼少年儿童阅读区以童趣、活跃、梦幻童话般的造型为设计中心。

此建筑共四层，2-5层。空间设计把综合办公区考虑在五楼，相对独立，减少干扰。空间设计把成人阅读区考虑在四楼，方便读者，方便管理。三楼是文艺中心，未改造。二楼是和外广场平台相通。空间设计把少年儿童阅读区考虑在二楼，方便少年儿童出入，家长观察和陪同，更安全方便。

材料设计综合办公区时考虑在综合办公区五楼，有办公及会议、培训等功能，要重点考虑噪音及干扰问题，所以墙面采用木质吸音板为主要材质，配合不锈钢材质，突出现代、简约的设计中心。 四楼成人阅读区材料设计时考虑安全、干扰、明亮的设计要求，采用乳胶漆，地面玻化石、天棚硅钙板的设计。 二楼少年儿童阅读区材料设计时考虑安全、活跃、明亮、童趣的设计要求，采用墙面彩绘，天棚局部采用吸音石膏板，地面采用防滑、抗菌的环保地胶，既美观又安全。

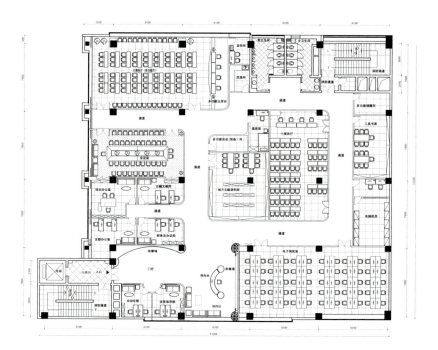

平面布置图

016/ 沈阳文化艺术中心

项目名称：沈阳文化艺术中心
项目地点：辽宁省沈阳市
项目面积：68700平方米
主案设计：文勇

建成后的沈阳文化艺术中心规模空前，将极大弥补沈阳文化演出场地不足的问题。这里可以举办舞剧、话剧、歌剧、芭蕾、音乐会、时装表演、综合晚会等众多艺术演出。

建筑设计理念是将浑河比作皇袍上的玉带，沈阳文化艺术中心宛若玉带上镶嵌的宝石。室内设计在延续建筑设计理念的基础上，将此象征性意象进一步予以彰显，把文化艺术中心与浑河沿区文脉肌理的微妙关系作为室内设计的主题出发点和诉求归宿，在各个空间中采用不同的表现手法，在细节中巧妙地体现出来。围绕此主题，室内各个空间犹如精彩纷呈而又彼此唱和的声部，共同谱写出沈阳文化艺术中心的辉煌乐章。

本项目技术上的挑战是国内首个将音乐厅叠加在剧院观众厅上方的建筑，设计中从构造技术、设备到选材等必须满足隔声要求，同时满足音乐厅和剧院不同的演出声学要求。

在公共大厅墙面，采用立体菱形陶棍，塑造出独有的肌理造型，开放式构造背后增加吸声构造，满足了大型公共空间的防噪声要求；剧院观众厅选用定制特殊LED灯光玻璃，用现代的材料技术演绎传统的地方元素，为观众厅增添了一抹亮色。

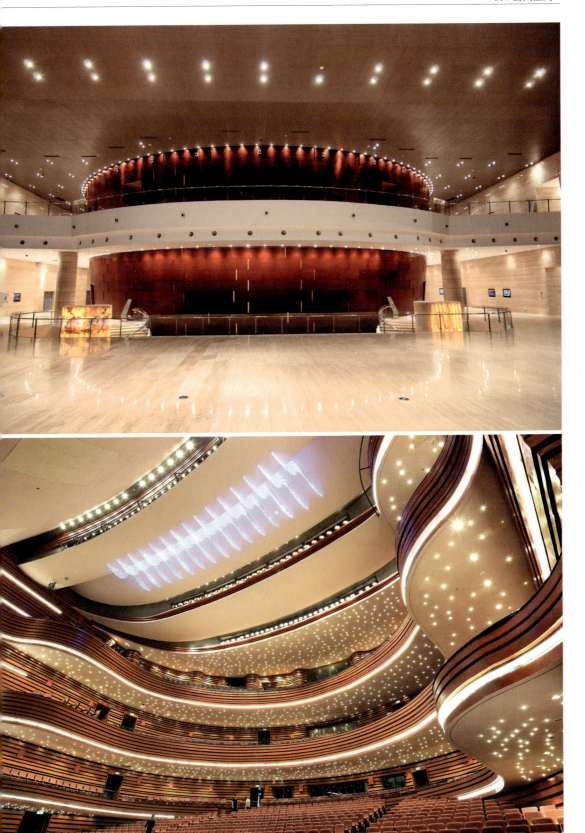

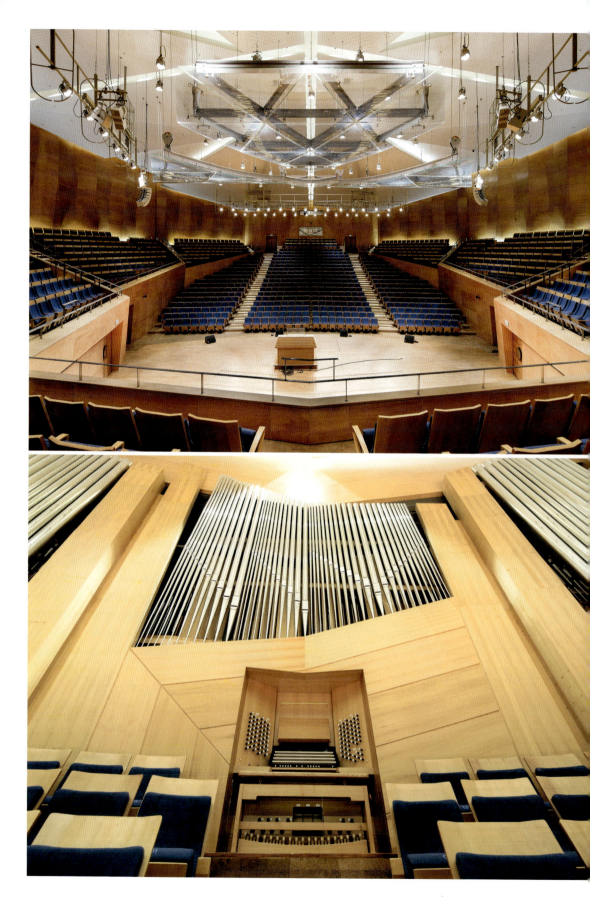

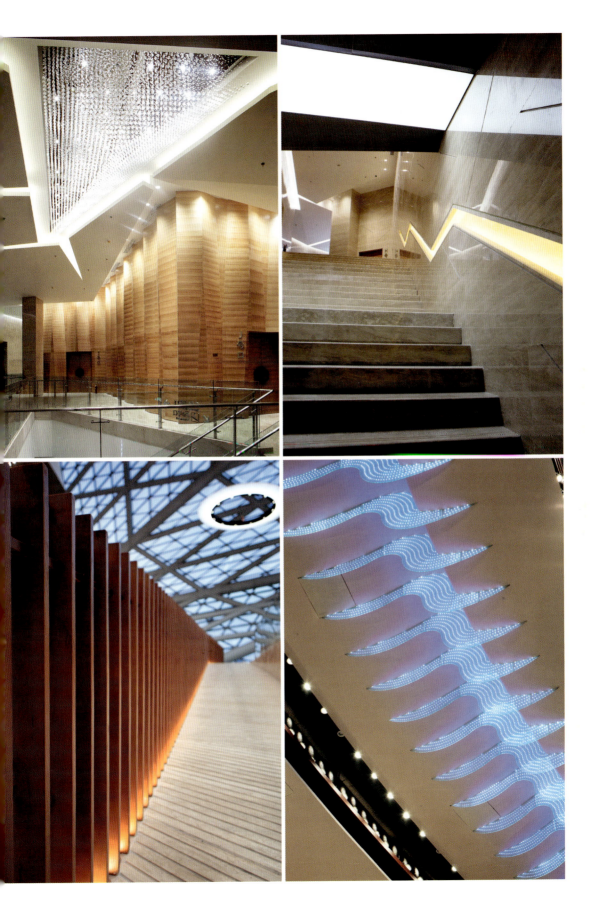

017/ 植福园翡翠艺术馆

项目名称：植福园翡翠艺术馆
项目地点：福建省厦门市
项目面积：260平方米
主案设计：蔡小城

  本案的设计定位为引领高端会所展示空间走向国际化。弧形的展示空间，让参观者在参观过程更加有乐趣。

  设计师灵感来源于翡翠的水元素，运用到空间布局上，让空间在流水中得到划分与区分。

  在材料的选择上，采用柚木及镜面，通过精良工艺得以衬托这些国宝级翡翠的气质。

  项目投入运营后，在运营中得到来访者得高度评价，乃至国际级别同行认可。

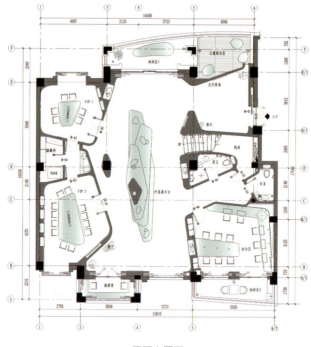

平面布置图

018/ 蛹当代艺术中心

项目名称：蛹当代艺术中心
项目地点：浙江省宁波市
项目面积：2000平方米
主案设计：李一

蛹艺术中心地处宁波鄞州中心区核心位置钱湖天地商业中心。艺术中心主楼为空中别馆——"云庭"。建筑面积达2000多平方米。是以民营为主，以做影力为目的的美术馆。艺术中心整体设计以简约日式与现代LOFT相结合的定义风格，用日式的精细与LOFT文化的工业及粗犷进行有机的组合。突出了自由、随性的设计个性与精细、低调的艺术修养。

因为艺术馆中"主角"为形形色色的艺术作品，故空间设计之初品上就将其定义为"配角"的身份，正如同卖钻石时垫布总是用纯黑色一个道理，真正让低调去完成此次设计的使命。

艺术中心设计用材以水泥肌理饰面与实木材质为主，从色彩或是质感上无一不突显出对比的魅力！在艺术中心的软装方案上，品上用日式及流水系花艺作品为主核心，结合柴烧、金属、土陶等器具质感实现粗犷而不粗糙，简约而不简单的设计目的。

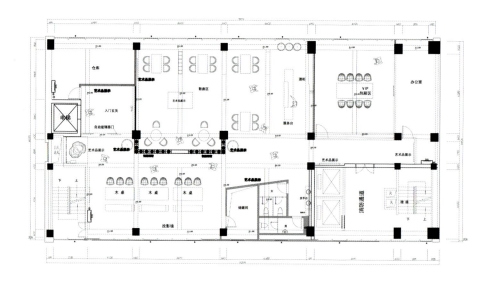

平面布置图

019/ 夏恩英语培训学校

项目名称：夏恩英语培训学校
项目地点：江苏省南京市
项目面积：300平方米
主案设计：张兆娟

　　本案的定位为语言培训，特别对英语感兴趣的青少年。作品在环境风格上的设计创新点是，本案与学校教育学校文化、背景吻合，视觉一目了然。

　　在空间布局上，注重简洁、安全，以西方轻松、愉悦的教学方式打造每一个空间。

　　因针对青少年，所以选材上还是以安全、环保为主，污染材料极少或不用。轻松愉快的设计，主题明确的空间，运营期间反映极其良好。

020/ 南大和园幼儿园

项目名称：南大和园幼儿园
项目地点：江苏省南京市栖霞区仙林大道168号
项目面积：7000平方米
主案设计：盛利

本案区别于一般性公办幼儿园，在风格和创新上运用部分国际理念，结合中国本土幼儿教育的传统特点，而量身打造的一套具有典型风格的公办幼儿园。

项目利用更多调和色彩，并使用更多符合幼儿心理的空间构造，给小朋友创造一个更加活泼、安全的生活学习空间。

空间布局采用和新式教学相结合的方法，超越传统公办幼儿园的保守思想，把空间最大化给幼儿，利用更多家居设计中儿童空间的设计手法，让幼儿能感受到来自社会、学校和家庭的关怀。

运用天然和环保建材，同时未来使用的安全性也是考虑的重要因素。

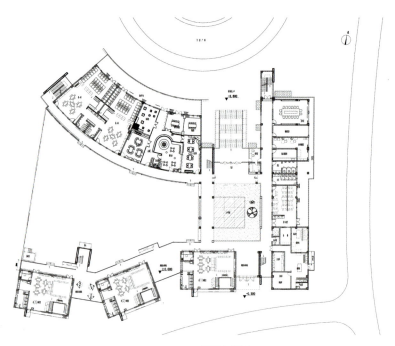

平面布置图

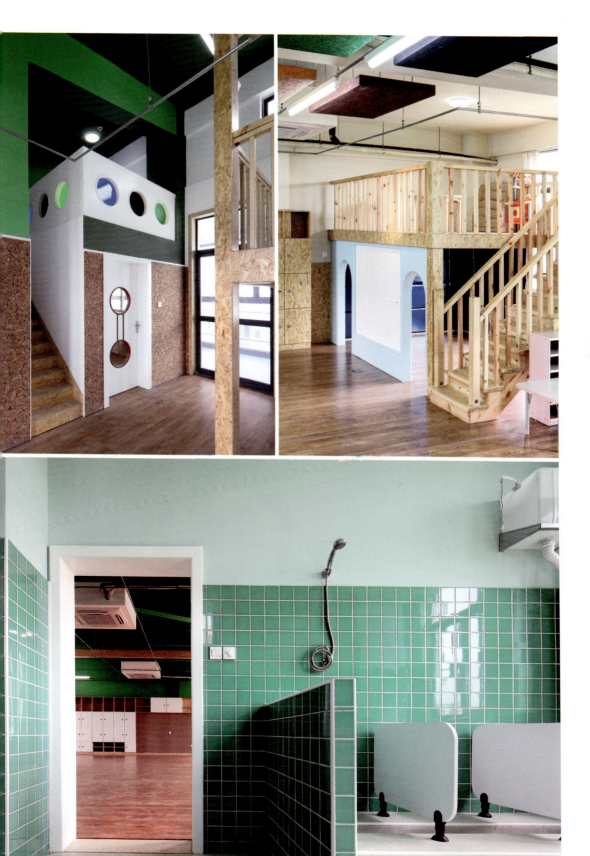

021/ 多彩的空间

项目名称：多彩的空间——广东省育才幼儿院二院
项目地点：广东省广州市农林东路30号
项目面积：330平方米
主案设计：李伟强

在我们身处的城市里，幼儿园的形象总是离不开鲜艳夸张的色彩，童话古堡式的建筑外观以及具象的卡通与科普道具造型。这些元素共同构筑起一个稳定而缺乏想象空间的幼儿园形象接触过幼儿园设计的人都会对那套严谨得接近苛刻而又有点自相矛盾的安全与卫生规范留下深刻的印象。设计师为此也付出了很大的精力，在满足甲方要求的基础上最大限度的保证效果。而且，由于用地原来是位于教学楼地下层的游泳池，密布的管网与自然光线的不足更是设计师碰到的棘手问题。然而，我们不满足于仅仅解决这些技术层面上的功能问题，幼儿园的科学室应该具有更多精神的内涵与趣味性。设计师认为：人类一切伟大的发明创造都是源于梦想的，而童年则是梦想最丰富的时期。于是，整个设计便围绕着这个比较抽象的主题而展开。我们避免时下惯用的说教和具象的科普形态，而着力为小朋友们构筑起一个既充满梦幻色彩又具有实用功能的科学馆。这是本设计项目的独特价值所在。

在空间布局上设计师把一条七色彩带做为贯穿全场的枢纽——纽带时而成为小孩做实验的桌面，时而蜿蜒而上成为横跨阅读区上空的彩虹。这样就把各个功能空间紧密有机地联系起来，也增加了趣味性与观赏性。在二次光源的作用下，标本显得栩栩如生，以最直观的方式和全新的角度向小朋友们展现它们千奇百怪的个性特征与故事。

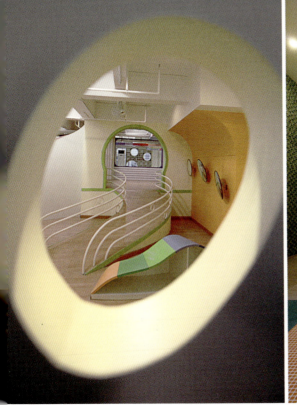

022/ 艾玛仕幼儿园

项目名称：婴儿园艾玛仕幼儿园
项目地点：四川省成都市
项目面积：3320 平方米
主案设计：李军

  进入门厅仿佛进入了小动物的树下洞穴，吊顶全部采用弧形木质造型像是走在大树根下的世界，三个动物造型门洞——小猫、小熊、小兔的剪影更像是小动物穿梭留下的轮廓。左边是更新园所食谱与动态的电脑，家长可以自带U盘拷走以便了解小朋友的成长。右边则是园长办公室，让家长在进入幼儿园的第一时间便可接触到园长，省去了繁琐的奔波。早教中心地面全部软包，为步伐还不稳当的低龄段小朋友提供了安全保障。当小朋友在波波球池里撒欢的时候，家长们则可以惬意地坐在角落弧形造型的凳子上歇息。

  在走廊中穿行，抬头一看仿佛是树根的缝隙透下天光。每间教室的外面都有吸音板做的帆船或城堡的剪影，可供班级粘贴动态信息和照片活动的同时，不破坏乳胶漆墙面和整体美观。

  教室内部全是采用原木的家具，房间的外部靠近窗户还有地台，小朋友可以排排坐在台阶上听故事！把做好的手工挂在长满树枝的柱子上。教室卫生间细致贴合小朋友的使用需求，整个墙面用吸味吸潮的天然硅藻泥涂刷，隔断上利用园所专属的LOGO分男女，各种小动物造型的水龙头，还有适合小朋友个子的镜子。婴儿班卫生间还特别增设浴缸，方便了尴尬意外时老师为小朋友冲洗，可收拉的楼梯也节约了并不宽敞的卫生间空间。

  楼上的木工房，隔断是用小剪刀小扳手的造型等组合，这样可以教小朋友将各类工具分别放入合适的位置。

023/ 牙医诊所

项目名称：新世代的城市美学
项目地点：台湾台北市
项目面积：233平方米
主案设计：蔡宗谚

本案位于台北市天母，周边有新旧住宅、商场汇集。作为新旧社区交会间的牙医诊所，除了基本的设计美感，我们更希望能展现新世代的城市美学。

设计主轴，旨在彰显精品、简约的自然纹理，在空间、形象塑造上也希望呈现对于牙医的全新感受。

因基地本身楼层面积不大，为让空间更有效使用，整个动线规划以最少的隔间牵动了空间的流动，同时大量采用透明材质强化了视觉上的通透效果。

材料细节注重与设计发想搭接，舍弃太过繁复的装饰，保留材料本身的特性及纹理，如此简约朴实的空间感受更能彰显牙医诊所的专业形象。

室内楼梯设计有效进行空间的区隔，充分享受光调的色温穿梭，更适合在此享受放松疗愈，练宝简洁，宛如优雅美术艺区，楼层的空间也有各自的段落性。

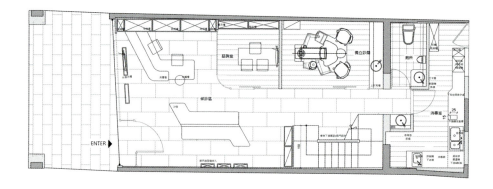

一层平面布置图

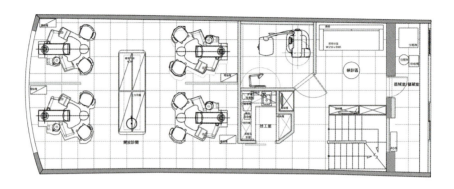

二层平面布置图

024/ 百思美齿科诊所

项目名称： 西安百思美齿科诊所
项目地点： 陕西省西安市
项目面积： 300平方米
主案设计： 邱洋

作为齿科高端的市场定位，我们在保证医疗人员和设施的先进性的同时，也对诊所空间进行了有别于其他医疗场所的规划，让就诊病患有着全新的医疗体验。

简洁明快又不失圆润的节奏变换。圆形和弧形的运用是本案的亮点，让原本更占地方的圆形，为业主提供更多的有效空间，旋转楼梯的出现让空间变得连贯有乐趣。

雅士白的石材拼花让很多小空间变得更加生动的同时还保留了医疗场所需要的整洁性。

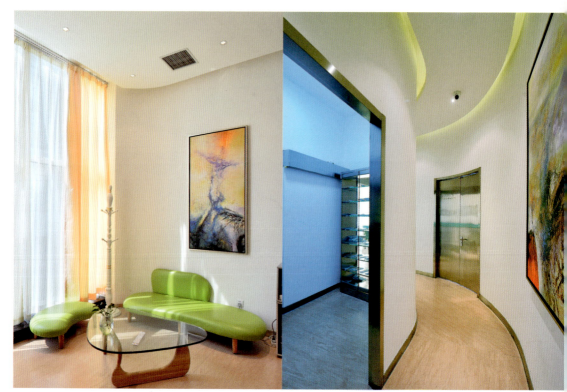

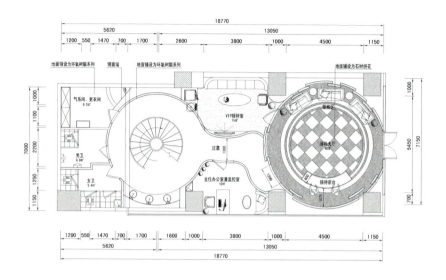

一层平面布置图

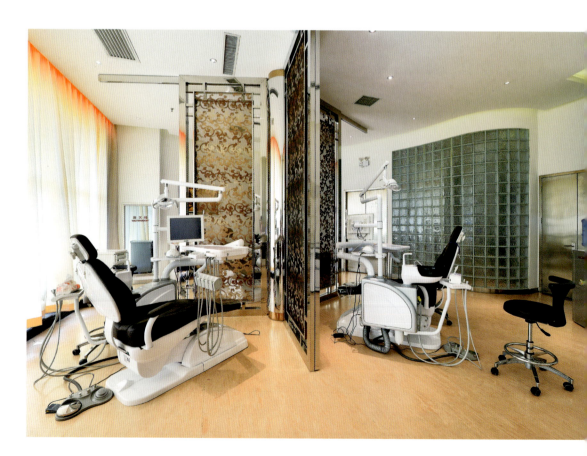

025/ 美莱整容医院

项目名称：广州美莱整容医院
项目地点：广东省广州市
项目面积：12000平方米
主案设计：胡崴

走在前面的城市，需要很丰富的价值功能体系来支撑，同样一个医院，会给城市带来不一样的形象，医院的规模、奢华走向都给广州医院一个新的定位和参考。

医院在风格上采用新古典，新古典的线条美和女性的魅力达到一致。

医院采用了流线型的布局方式，把办公区域和公共区域分开，达到以人为主的设计目的。

把美莱logo的美人鱼和大堂结合起来，让人在空间感受到美的魅力，弧线的灯光和墙体，让整个空间充满女性形态的弧线美。

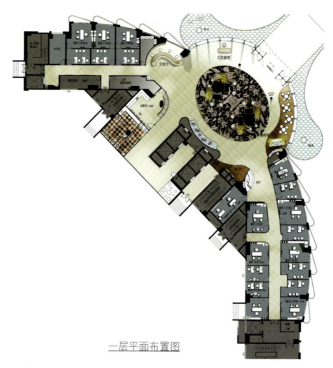

一层平面布置图

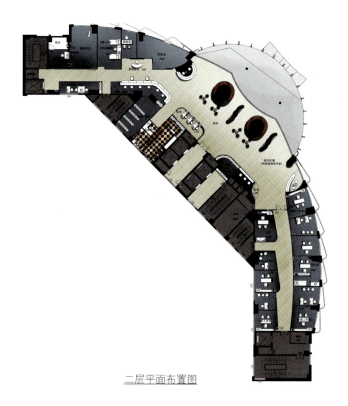

二层平面布置图

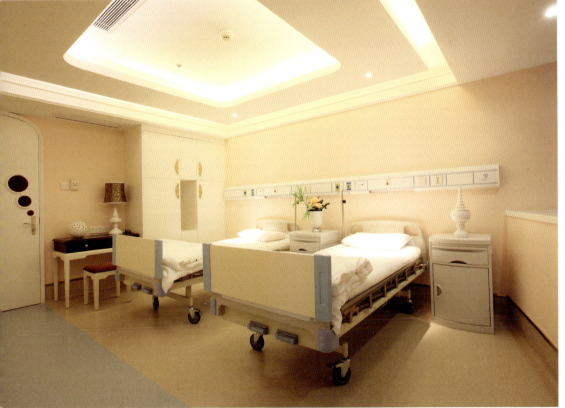

026/ 香奈儿的寝宫

项目名称： 香奈儿的寝宫
项目地点： 湖南省长沙市
项目面积： 600平方米
主案设计： 汪晖

这所医院的两位女主人从事整形美容行业也数十年，在行业中有极高的声望，对顾客的悉心服务积累了许多宝贵的经验，为美丽事业终身奋斗

这个小而奢侈的医院，定位为香奈儿的寝宫，是因为COCO香奈儿事业发展得"如日中天"，而她却非常喜欢沉浸在其有经典的法国贵族空间演泽着东方的魅力的漆画、瓷器、十六世纪的老法式沙发和现代清新的米色系融合，时髦的国际人士高品位的混搭风，当这些赋予医院时，是一次华美的转身。

这里每日只接待两至四位贵宾，从预约时就可以私享到一切美丽的服务。入门处有挑高九米的空间，用手绘和雕刻的细节来烘托尊享的氛围，人在空间动线注重迂回，移步换景，保证客人的私密度。

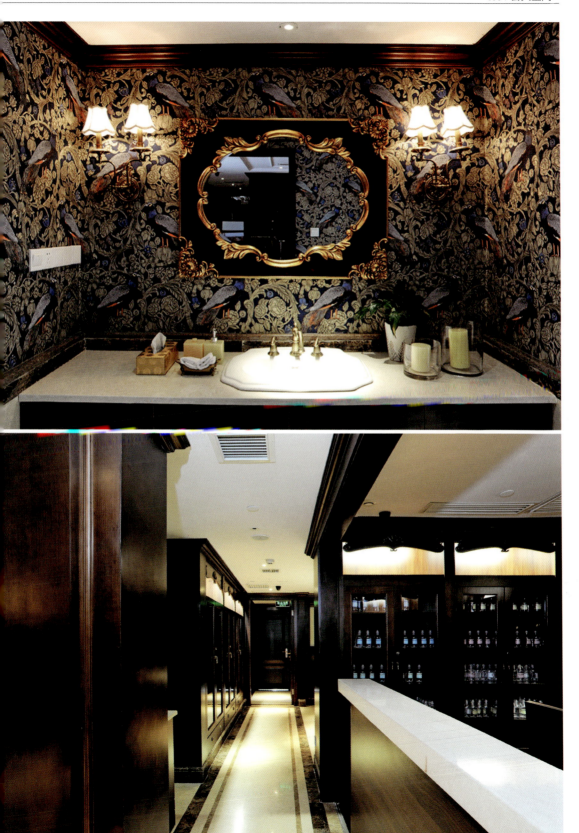

027/ 庆王府展室

项目名称：庆王府展室
项目地点：天津市和平区
项目面积：80平方米
主案设计：刘晓峰

将王府内部风格沿用到展室内部，使内外一致，讲述了王府从无到有的历史以及王府主人在历史舞台上的叱咤风云。

采用天光照明的设计理念，中西结合的设计手法。将4.8米标高的内部空间，营造成为有二楼效果的共享空间。采用多媒体手段弥补展示空间不足的缺点，将大量图文采用多媒体方式呈现给大众。

天津庆王府项目是天津重点文物修缮工程，工程受到市领导的高度重视，市长及国外知名人士多次参观，成为天津标志性历史风貌建筑。

028/ 崇明规划展览馆

项目名称：上海崇明规划展览馆
项目地点：上海市崇明县
项目面积：10000平方米
主案设计：李晖

运用生态花墙、树叶造型墙、湿地植物造型墙、意象森林等抽象元素，以体现崇明"国际生态岛"的地域文化元素，同时运用曲线展墙、波浪造型顶等曲线的设计手法展现崇明作为西太平洋沿岸的一颗璀璨明珠。

崇明规划展览馆的整体设计以地域文化性、规划专业性、亲民互动科技性作为主导思想，整体设计风格现代简约，创新地运用生态花墙、树叶造型墙、湿地植物造型墙、意象森林等抽象元素作为室内装饰的造型基础，体现了崇明"国际生态岛"的地域文化元素。

大胆应用了生态绿、科技蓝结合高雅的中性黑白灰色彩打造出生态、环保、高科技感十足的互动展示空间；而曲线展墙、波浪造型顶面等装饰设计则展现了崇明作为西太平洋沿岸的一颗璀璨明珠所迸发的蓬勃生机。

整体设计风格现代简约，结合黑白灰色调打造了一个现代、科技、严谨的规划展示互动空间。LED屏幕、生态植被、木色金属彩铝格栅、不锈钢、黑色烤漆玻璃等现代技术及材质的应用，展现出崇明高速增长的速度与活力。

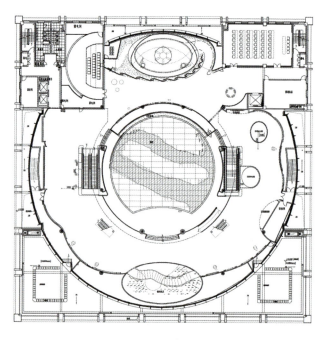

平面布置图

141 / 公共空间

029/ 史丹利&东铁展场

项目名称：史丹利&东铁展场
项目地点：广东省广州市
项目面积：500平方米
主案设计：陈俊男

基地为36米*10米的矩形空间，高度为6米，为期三天的临时性展览空间，内部需配置两家公司的展示区及体验区。

外立面上运用公司形象喷片结合布帘，加上灯光的效果，使得整体风格以简约、大器、自然、和谐作为主轴。

空间配置上，前半段配置了公司的形象喷片及多媒体墙，并设置了长6米的接待台兼吧台，将展示区及体验区放至展场的后半段并设计夹层，将洽谈区及休息区放到二楼中间，还有个挑空连结楼上楼下的空间关系，楼上的洽谈区设置了植栽屏风，除了丰富空间中的层次外，也增加了客户的隐私性。

利用布幔及喷片加上间接光源的衬托，加强展场的独特性及立体感。

030/ 中国围棋博物馆

项目名称：中国围棋博物馆
项目地点：浙江省杭州市
项目面积：2000平方米
主案设计：方雷

精品围棋博物馆，全国唯一。

以棋文化为主题的结合酒店的博物馆，空间自然流动，动静结合，吸收中式元素，处处对景，突出围棋文化。

选用朴实的材料，突出人与自然的结合，结合酒店，餐饮做到可持续发展，以酒店养博物馆，博物馆做酒店的亮点的双赢结合。

031/ 成都艺术超市

项目名称：成都艺术超市
项目地点：四川省成都市成都东区音乐公园
项目面积：7200平方米
主案设计：易伟

　　成都艺术超市是由成都商报投资打造的成都乃至西南地区最大的集艺术教育、收藏、展示于一体的大型综合艺术平台，七家艺术院校及六家艺术机构已入驻。该空间要求专业性及群众公益性并行。艺术跟生活的联系越来越紧密，并且在当前也愈加市场化。更多的人相比从前更加注重艺术价值与商业价值合二为一。甚至，也在促进市场的发展。

　　本案切实地以结合专业性与群众公益性为主导，考虑到专业展厅应该具备的功能性，在整体色调上为了突出艺术品，空间尽量采用黑白灰的组织形式。由于整体空间设计采用的是室内再建筑模块，光源利用上很好地把握了自然光与照明光的结合。

　　在功能划分上很有意思地结合"村庄与部落"这个主题，融入了广场、街道、村庄、小院等。把平时严谨，拘束的空间变的舒适、有趣。

　　由于整个空间是在一个老旧工厂二楼完成，考虑到安全和消防种种因素。在材料选样上尽量采用轻质、防火、环保的材料。例如屋顶采用的是成品的塑木型材，空间成型框架全部采用小规格钢结构，进行了严格的测量和计算后方可进行施工。最后在地面上都只能采用强化地板和地板胶的铺设。

032/ 永恒印记

项目名称:"永恒印记"展览空间设计
项目地点:北京市
项目面积:2300平方米
主案设计:李道德

　　李道德受到国际著名品牌FOREVERMARK邀请,跨界为其进行新品发布活动及展览的空间设计。设计的灵感来源于FOREVERMARK所秉承的承诺:beautiful, rare has been responsibly sourced。

　　这个设计将是美丽优雅的、独一无二的,并且与周边的环境,以及人的行为发生关系、产生互动。运用生活中常见的白丝带,通过转折、拉伸创造出一个变幻莫测的空间构筑物。

　　与空间及人的互动,是这个设计的另一大特点,这也体现了FOREVERMARK一贯的对环境和民众的人文关怀。所以,最终的设计不会是一个独立的装置,而试图加强与现有空间及活动本身的联系,由感应装置所连接的机械系统,会使连接丝带的杆件发生位移或旋转,从而创造出一个充满活力的,变化不断的,富有生命的四维空间。

　　每颗FOREVERMARK钻石都有独特的编码及记录开采加工过程,所以"数字"是FOREVERMARK另一个独特之处的体现,所以在这次空间设计的方法上,我们采用参数化设计手法,利用电脑技术,模拟人流,根据其对空间的影响,自然生成一组不同的受力参数。根据这些参数,通过计算机编程,创造出独特有序的空间形态。

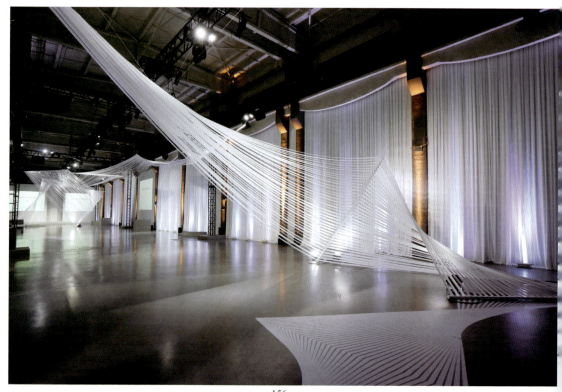

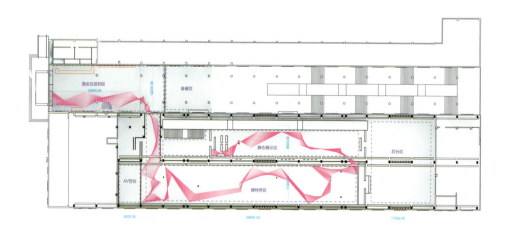

平面布置图

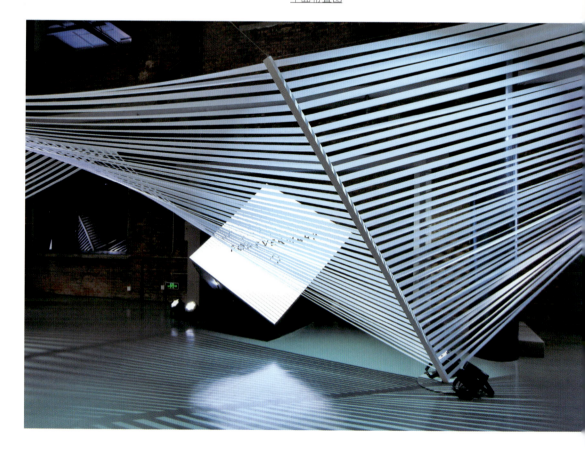

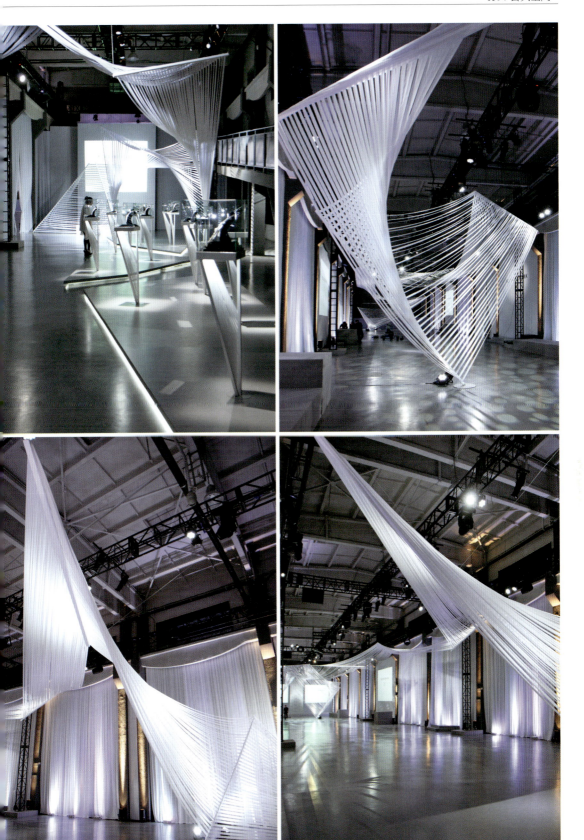

033/ 庆元廊桥博物馆

项目名称：中国庆元廊桥博物馆
项目地点：浙江省丽水市
项目面积：2250平方米
主案设计：王建强

中国廊桥，尤其是木拱廊桥，在世界桥梁史占有突出地位，被称为"创造性的天才杰作"、古代木结构桥梁的"活化石"。

庆元及周边地区因保留有丰富、典型且连贯的木拱廊桥遗存，被誉为"中国廊桥之乡"。由此，我们将廊桥博物馆的陈列展示基本思路归纳为"顶天"与"立地"。

"顶天"：所谓"顶天"，就是将中国廊桥，尤其是木拱廊桥作为世界级的文化遗产加以展示。将中国廊桥放到世界廊桥，乃至世界桥梁史中进行考量，挖掘中国廊桥，特别是木拱廊桥所蕴含的突出的普遍价值，并试图以非物质文化遗产博物馆的展示样式，充分展现木拱廊桥的特有技艺。

"立地"：所谓"立地"，就是立足"中国廊桥之乡"——庆元及周边地区丰富的廊桥文化遗存，兼及中国其他地区的廊桥文化。以庆元及周边地区的廊桥遗存与廊桥文化为个案，重点剖析廊桥与自然、廊桥与人文的关系，充分展现这一山地人居所特有的文化遗产。

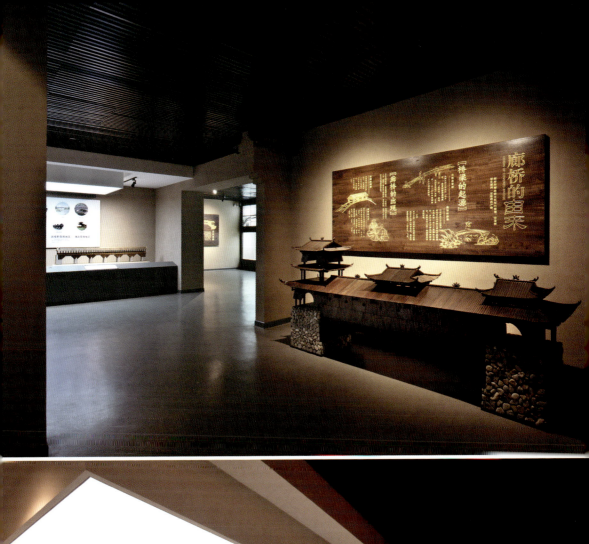

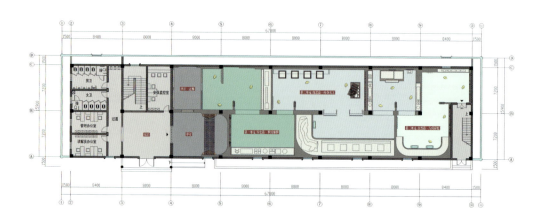

平面布置图

034/ 浙商博物馆

项目名称：浙商博物馆
项目地点：浙江省杭州市
项目面积：2500平方米
主案设计：王建强

　　本案全面、真实、准确地再现浙商的历史、现状与未来。既强调内容完整性，又兼具形式上的创新。

　　设计创新点是以色彩识别分区，以空间的开合比例来强调展陈重点，以开敞的空间流线来呈现展示内容。

　　不追求昂贵的材料，强调材料的质感，以材质的色彩来突出形式体验。填补了浙商群体在精神以及历史文脉领域的空白，并提供了一个浙商有效交流的平台。开馆后赢得了很好的社会反响，并重新诠释了新浙商的风采。

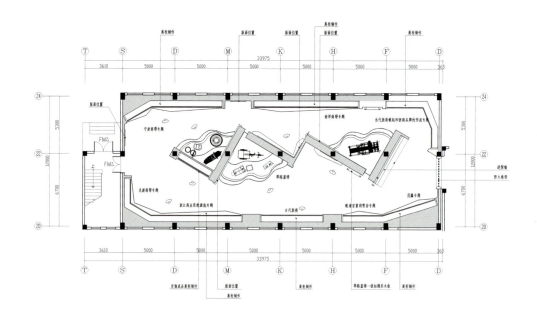

平面布置图

167 / 公共空间

035/ 多维门

项目名称：多维门
项目地点：广东省广州市
项目面积：36平方米
主案设计：彭征

　　广州国际设计周上"共生形态"馆是一个关于多维共时的空间装置，伸向四面的窗和门实现了展示空间内外的交互，同时也象征着包容、开放和多元化的企业理念。

　　位于装置内的企业设计案例采用增强现实的交互展示技术，通过现实和虚拟环境的叠加，实现了展示形式由二维向多维的转换。

平面布置图

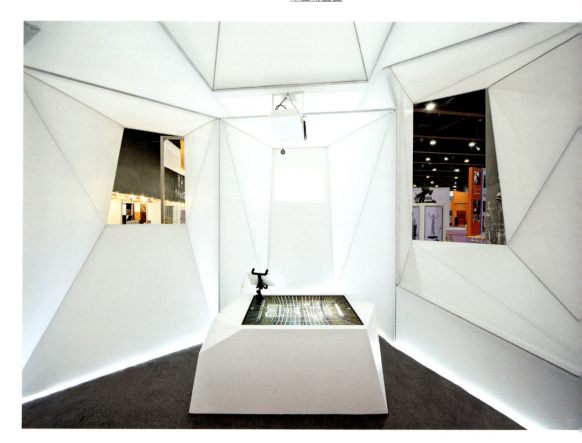

036/ 故宫展示中心

项目名称：故宫出版社文化展示中心
项目地点：北京市
项目面积：267平方米
主案设计：蔡文齐

　　故宫出版社（原紫禁城出版社）创办于1983年，是目前我国唯一一家由博物馆主办的出版社。"服务故宫，开放交流"是出版社的宗旨。20年来，出版社各类图书数百种，并定期出版《故宫博物院院刊》、《紫禁城》两种刊物。《紫禁城》以故宫为依托，展示古代文明，弘扬传统文化，内容涵盖历史、建筑、文物、艺术、旅游、博物馆等诸多门类。

　　其文化展示中心是其多年精华的集中展示，用现代手法演绎中国古典文化。作品在空间布局上，展览与办公、会客融为一体，简单、自然。

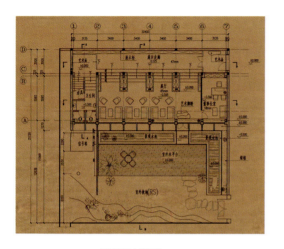

一层平面布置图

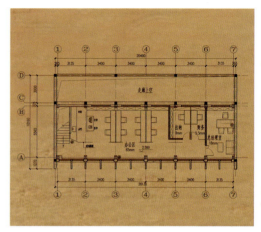

二层平面布置图

037/ "回"展厅

项目名称："回"展厅
项目地点：广东省广州市
项目面积：96平方米
主案设计：曾秋荣

本案能够反映企业的设计理念，并令其成为企业形象展示的窗口，促进与业内外人士的合作交流。设计上借鉴了合院这一中国居住建筑的原形，营造沉思自省的空间特质及含蓄清幽的自然意趣。对漏墙漏窗手法的科学运用，使展厅环境变得通透而有质感。

采用廊院式布局，以游廊、竹园、围墙、茶室等为纽带，把独立分散的个体空间串联起来，以此造成它们之间的过渡与呼应，产生空间的连续感与整体感。

设计选材去繁取简，并注重低碳环保，全案使用最朴素的材料，地板、材质板、配饰道具均可回收；将"光"也视作材料之一，在密闭的空间中大量引入自然光是整套环保设计的最大亮点。

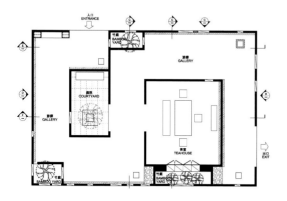

平面布置图

天花布置图

038/ 阳光一百艺术馆

项目名称：阳光一百艺术馆
项目地点：山东省济南市
项目面积：2888平方米
主案设计：周静

　　以"艺术会馆里的售楼处"为空间规划目标。构筑具有艺术气息和品质感的氛围，营造符合项目发展需求的全新形象。设计需要以尽量低的硬装造价，达到理想的空间效果。会馆的意向展品和配套功能设施偏向中式风格，需要处理好极简空间形态和重视陈设之间的关系。

　　在深化设计的过程中，我们找到了在多重限制条件下，赋予空间独特气质的途径：简单的线条在大块面的形体上勾勒出具有东方禅意的空间轮廓；以展柜、定制木格、地毯、灯饰等元素完成空间层次的划分，用具有东方韵味的现代家具和古典中式木质家具的搭配营造出既尊贵，又有强烈感染力的氛围，以多组原创的艺术装置强化出会馆的主题性。我们期待这个"艺术会馆里的售楼处"使客户明确的感受到楼盘整体品质的提升。

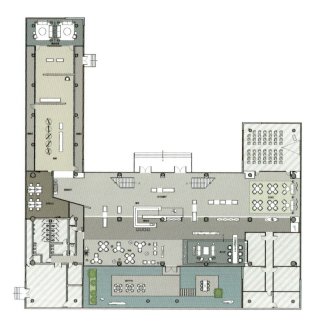

平面布置图

039/ 吉林市人民大剧院

项目名称：吉林市人民大剧院
项目地点：吉林省吉林市
项目面积：37000平方米
主案设计：文勇

吉林市人民大剧院位于东山文化区内部，在吉林市的总体布局上占据重要位置。大剧院与吉林市全民健身中心及规划中的广电中心、科学宫构成了东山文化区的核心建筑群。建筑内有大剧院、小剧院和电影院三大功能区，满足大型歌剧舞剧、大型综艺节目、音乐会和地方戏曲演出，也将承接国内大型文艺巡演等，将极大丰富市民的文化娱乐生活，满足市民的精神文化生活需求，促进当地文化产业发展。

设计灵感来源于当地满族传统服装中的马蹄袖、披肩领等象征着满族骑射征战"马上得天下"的辉煌历史。室内空间将当地独特的自然景观——雾凇及长白山四季的色彩变化进行再创作，营造出展现地域文化特色的空间形式，旨在创造出真正使人获得情感升华的场所。

大剧院、小剧院和电影院区域都有各自独立但又互相联系的休息大厅，满足观看不同演出观众的集散、交流，不同的交通形式形成了流动而富于变化的公共空间形态。

吉林雾凇被称为"中国四大自然奇观"之一，设计抽象出这种特殊自然景观的形和神，定制了GRG异性模块，塑造出独有的肌理造型，成为空间的一大亮点。开放式构造背后增加吸声构造，满足了大型公共空间的防噪声要求。

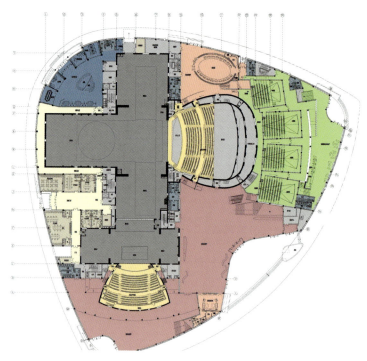

平面布置图

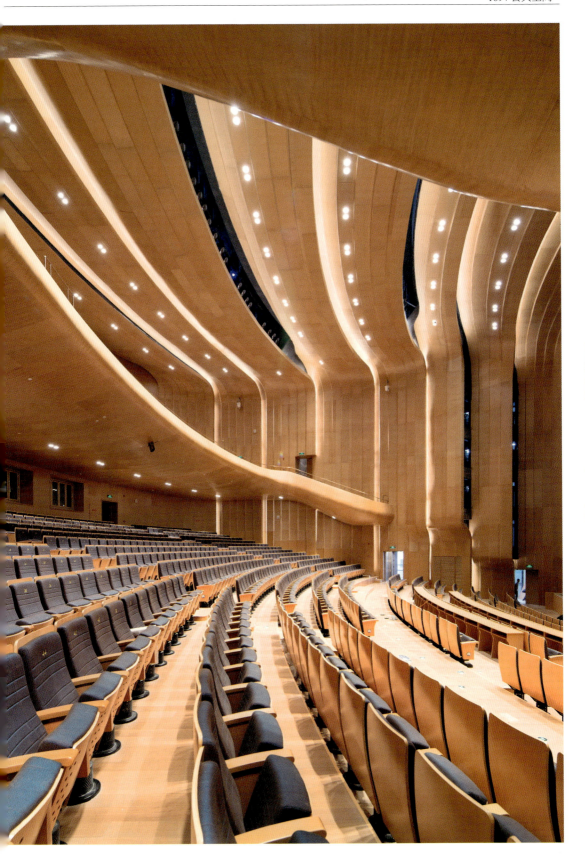

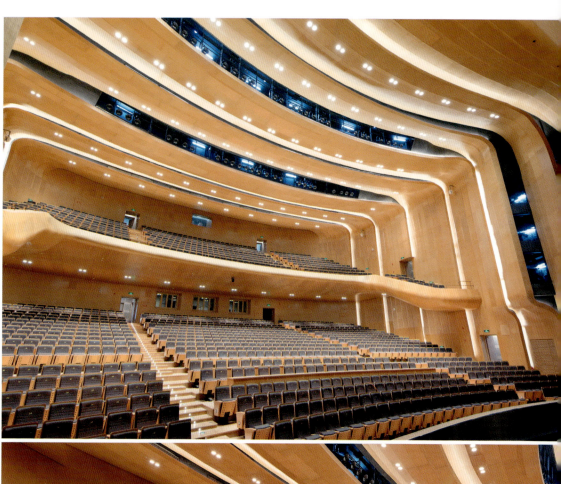

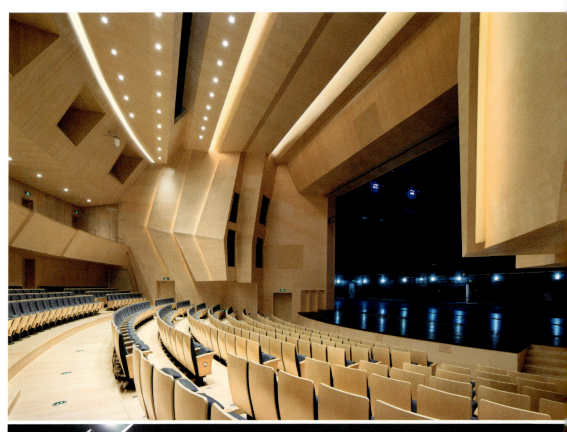

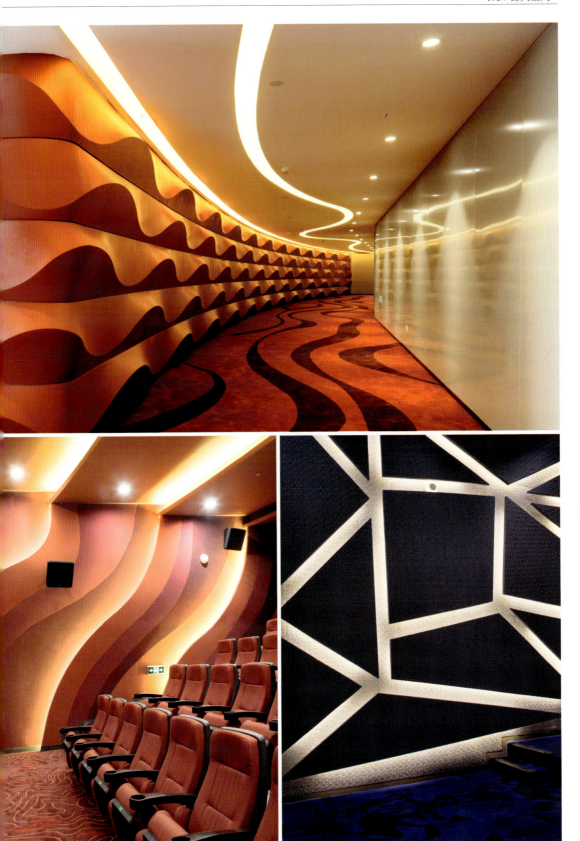

040/ 企业公馆特区馆

项目名称： 前海深港合作区企业公馆特区馆
项目地点： 广东省深圳市
项目面积： 10000平方米
主案设计： 郭捷

特区馆，集前海会展交易、新闻发布、外事接待等功能于一体，是前海的"名片"，也是前海的"客厅"，同时将成为前海的一处地标性建筑。

特区馆的建筑概念源于蕴藏在石头中的钻石，这个建筑是在原石上经过人工切割的"钻石"雕塑。显露出来部分是不同角度切割面的"钻石"，显现出晶莹剔透的建筑质感。"石头"部分通过冰裂纹肌理的铝板来表达"石头"的质感。经过延续建筑的钻石切割面的做法，设计了三角形切面的草坡和防腐木休息区。铺装也是三角形的构图，并与建筑的转折面形成一个延续的关系，表现出建筑与景观的一体设计，景观的灯光设计按照人的步行流线与三角形铺装、草坡等的线条，设计成线性的灯光，并且刚柔结合，形成科幻、梦幻的灯光效果。

国际会议中心与办公区域共同享有一共 *15米*42米* 的庭院空间，直接面对庭院采光通风的同时可以享受到庭院的景观。庭院空间可以通过一层西侧的架空部分与中央景观轴连接。

建筑立面因面向环境不同，采用了不同的外立面材质，混凝土、幕墙玻璃、绿植墙面交错链接，结合外遮阳，低辐射玻璃等技术，有效降低建筑空调系统运行成本，更加低碳环保。

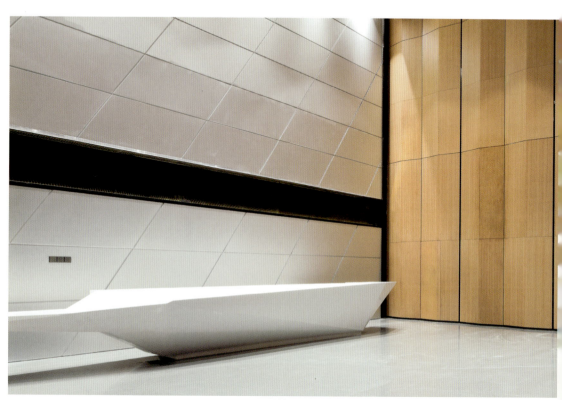

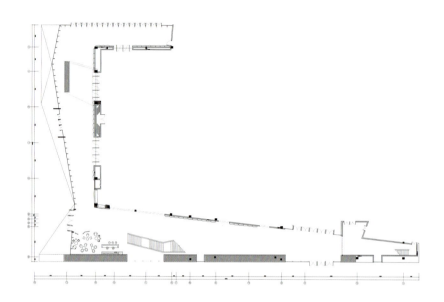

平面布置图

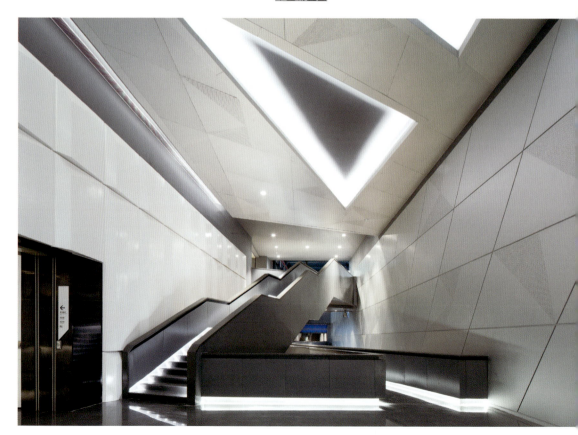

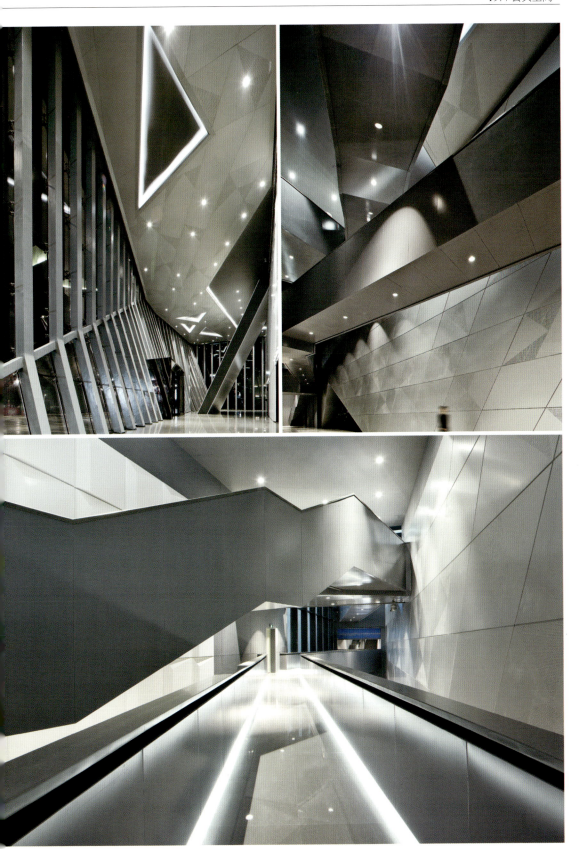

041/ 旧州屯堡接待中心

项目名称：安顺旧州屯堡接待中心
项目地点：贵州省安顺市
项目面积：7000平方米
主案设计：郭明

本次设计以贵州安顺屯堡文化为蓝本，将自然与人文完美融合。屯堡文化系明代从江南随军或经商到滇、黔的军士、商人及其家眷生活方式的遗存。不同文化的差异构成了一个文化宝库，诱发灵感而致设计的创新。一块屯堡石，一个木构人字顶，一件民族服饰、他们彼此融合互相作用，让地域特色嵌入设计，宛如一体。

步入大厅，依旧秉承了当地本真、纯粹的文化气质，并结合现代手法强化设计。借鉴枋、檩、椽、梁等元素勾勒空间，体现出别具韵味的建筑之美。原木吧台、如流水跌落的梭子形吊灯，静谧中透露着灵动。室内拙朴的屯堡石与落地窗外摇曳的竹林形成对比，将窗外的景色引入室内。通体的落地窗贯穿始终，成就了视野，也满足了采光。

随景而来的是文化展厅。设计之美是智慧铸就的，不仅如此，设计之美还源自生活的点点滴滴，一片小小的蜡染布，成了设计师最好的装饰材料。懂得从人类的生活和精神需求出发，才能体现设计对生活和人文的那份体贴与关怀。

室内灯具的设计借用了当地乐器芦笙及纺纱用的梭子为原型进行再设计，都是设计师结合当地文化元素创作的经典之作。

享受自然是人类的本性，关注文化特色是人类的共同追求。对于游客中心的设计而言，营造文化内涵和呵护自然生态同等重要，是义不容辞的责任。只有深刻挖掘空间的生态价值及人文价值，才能在自然景观与人文景观的融合中体现天人合一的境界，触动每个游客的心灵。

平面布置图

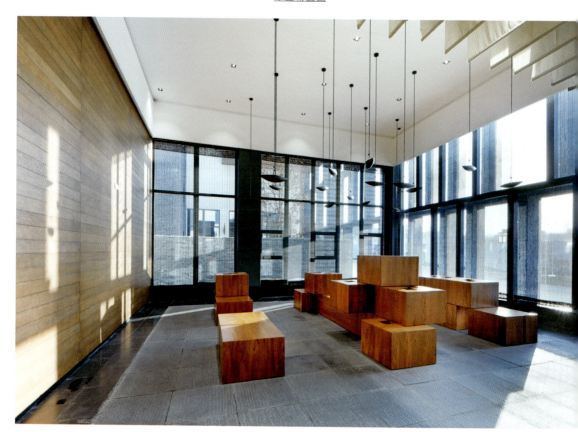

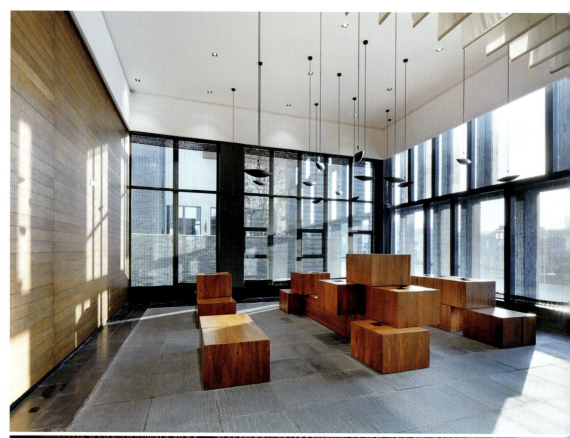

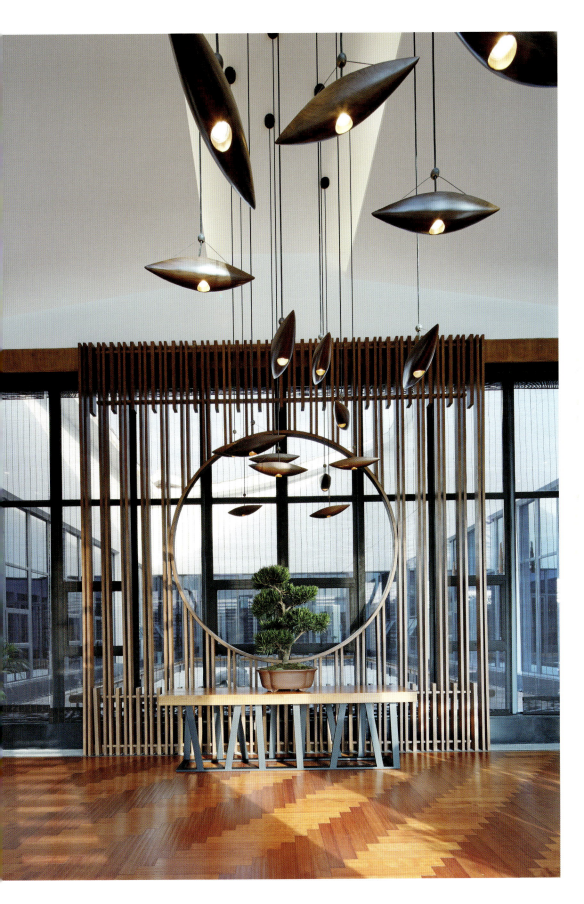

042/ 自在空间设计

项目名称：自在空间设计·生活场
项目地点：陕西省西安市
项目面积：2000平方米
主案设计：逯杰

项目位于古都西安最大的文创产业园——半坡国际艺术区。一方面对原有的老工业遗址的保护性利用，另一方面更是以设计之方式去挖掘传统与当代艺术的融合方式，为城市文化多元化做了一次探索与尝试……

项目在设计与实施的过程中一直将生态、自然、人文作为主题；以真实、自然、简约的理念贯穿其中；阳光、绿植、水景为空间的主角；表现轻松、自在的环境与意境……

在空间布局上，秉承新旧建筑相融的手法。一方面保持老建筑原有的风貌，另一方面用设计的方式让新建筑与之呼应共舞，产生既对比又统一的效果，让岁月的痕迹以艺术的方式去展现，同时用围合布局设计让前后的庭院成为空间的核心，让新旧建筑在禅意庭院的映衬下和谐共处。

在设计与实施过程中，材料的选择是将原老工业厂区拆除中可利用的老旧材料做为首选，加之有自己的木料工坊，所以作为既是甲方又是设计师的业主，在整个项目的实施中不断尝试着老料新做、粗料细作的工艺，并以此为乐。希望通过这种自主项目的实验可以获得更多的经验与方法，以期在更多的项目中推广。

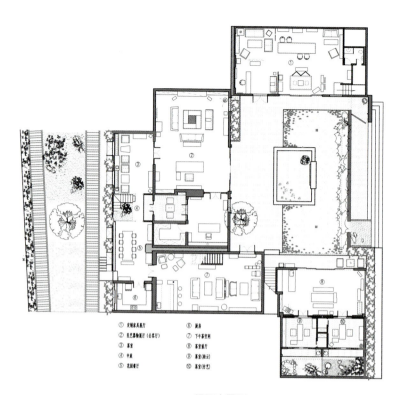

① 实木家具展厅
② 民艺器物展厅（会客厅）
③ 茶室
④ 中庭
⑤ 花园餐厅
⑥ 厨房
⑦ 下午茶空间
⑧ 茶室展厅
⑨ 茶室（祥云）
⑩ 茶室（竹艺）

平面布置图

043/ 天曜公共空间

项目名称：成都环球广场中心天曜公共空间
项目地点：四川省成都市
项目面积：240平方米
主案设计：许学盈

　　成都环球广场中心A地块住宅发展，乃成都中心区内指针性的项目。 住宅塔楼共十栋。 建筑布局每栋朝向不一，充分发挥了地块的优势，并提供了多面园林景观的创造。 建筑体外型现代，着重空间与生活环境之无缝配合。

　　其室内公共空间及住宅的精装设计，连贯了建筑理念，刻意提升室内外空间与环景之交错效果。 室内设计风格以高品位国际级都会精品酒店概念打造，讲究空间及视觉比例，材质及细部的精练，实践现代豪华的生活体验。

　　首层住宅大堂的室内建筑以环回落地玻璃作四方定位，透视大堂外周的建筑布置及园林景观，在有限空间内，得到无限的视觉伸延。 大堂平面空间层次分明，由入口、接待处、休息区、信报间、电梯厅等功能设施，以一步一体验串连开展。大厦首层与地下层车库入口大堂亦有着一挑空空间连接，体验了平面以外的三维空间。 每座大堂中央设置一巨型透光云海图案雕刻玻璃立体装置，巧妙地隐藏了背后的大楼结构墙体。 夺目的雕刻玻璃装置，亦有效地使十栋住宅大堂交错于地块园林的景区里，互相辉影。

　　在雕刻玻璃装置旁边的大堂休息区设置了沙发、茶几、台灯、艺术地毯等，营造了"客厅"的感觉。 其他的接待前台及信报箱都以高格调家具处理，造型轻巧，贯切了生活性。 大堂墙体和地面都铺装了进口石材，部分墙面以深色木皮饰面造型处理，配上专业灯光效果，使大堂丰富豪华，亦多添一份舒泰。住客每踏进大堂，便感受到国际级"家"的感觉。

平面布置图

044/ 爱乐国际早教中心

项目名称：深圳南山美国爱乐国际早教中心
项目地点：广东省深圳市
项目面积：1000平方米
主案设计：钟建福

设计师秉承"关爱、关心和关注婴儿成长环境"设计理念，意在为现代都市里娇嫩的小朋友们创建一个美丽的森林城堡，让他们在美丽的大森林中自由游玩、健康成长。

项目以一种模拟自然环境的表现风格，给人呈现出一种活力和生机勃勃的印象。

空间布局上像流水般的随意自然，摒弃了中规中矩的设计，都是按照儿童的本性专门设计安排的布局，充满童趣。

在选材方面，地面采用亚麻油地板，以适合儿童的环保、柔软的材料为主。

项目充满童趣的儿童城堡似的设计，体现了对儿童的关爱精神，运营后非常受欢迎，在深圳引为标杆。

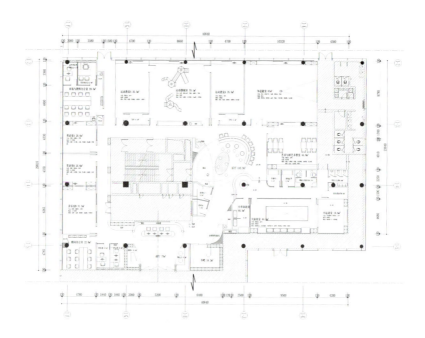

平面布置图

045/ 知也禅寺

项目名称：上海松江广富林知也禅寺
项目地点：上海市松江区
项目面积：3000平方米
主案设计：金佳明

知也禅寺是座传统寺庙，源于历史遗址，复建于2009年，坐落于有着"上海之根"之称的广富林文化遗址公园一角，本为纪念知也禅师施医救人之善举而复建。同时为了迎合业主对于园区的风格定位，项目整体从建筑到室内都秉持着传承延续唐式风格的元素脉络，寻找唐代佛教设计之源。

秉持着景观、建筑、室内从材料、造型、元素等全方面的唐式传承，结合禅宗三宝内涵"佛一觉悟"、"法一真理"、"僧一清静"的设计理念，将唐风及宗教文化元素贯穿在整个设计中，希望复建后的寺院不仅能体现佛教文化的肃穆庄严，更能成为一处带给人信心、欢喜和希望的地方。

佛殿类空间尽可能地还原、传承唐代传统布局，包括佛像的数量、布置位置都是与相关的佛教专家顾问逐步沟通，最终采用最具唐代特色的布局方式。而在其它功能性空间的设计中就更多地考虑使用管理方面的因素。

与众多砖石结构的寺院不同的是其空间木材的大量合理使用。墙面壁画以东阳木雕为主，木饰面精致生动，木材本身的温暖触感更为空间增添了亲切感。室内全部铺设的木地板，也有别于一般寺庙使用的冰冷石材，整个空间温暖、轻松而有质感。于是人们进入大殿前的脱鞋之举，都变得是那样的和谐自然。室内设计中运用了一定量的琉璃，这是较为创新的想法，其透光、灵动、活泼的感觉也打破了一般传统寺院的做法，整个室内空间没有了以往的阴沉和压抑，取而代之的是温暖与明亮。

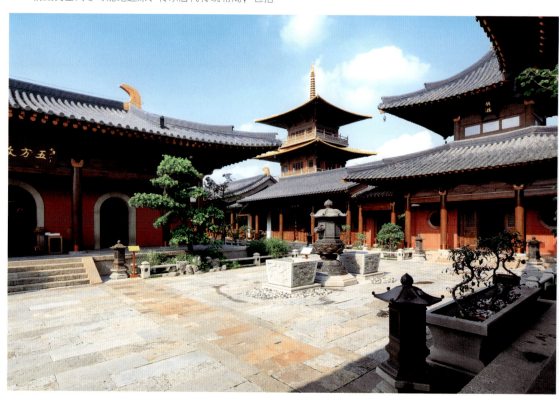

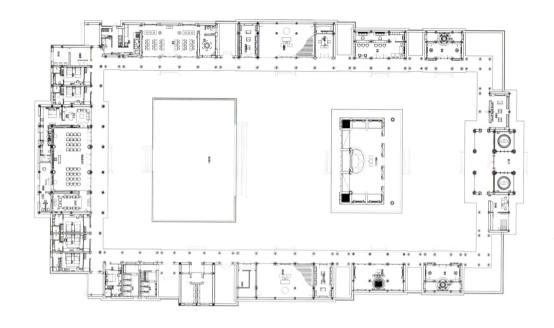

平面布置图

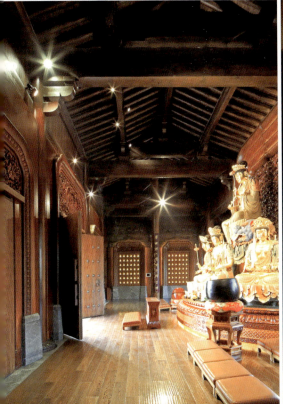
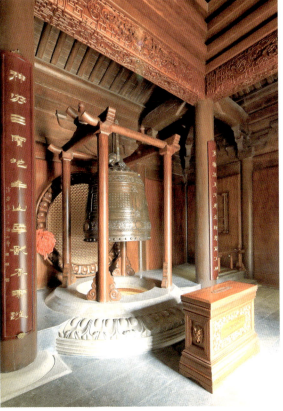